일과 가정, 어떤 것도 포기할 순 없기에 삶의 우선순위는
'엄마'에 두기로 마음먹었습니다.

아이가 스스로 생각하고 성장할수록,
고집 셌던 엄마도 한 뼘씩 성숙해졌습니다.

나침반도 없고, 목적지도 없는 혼돈의 시간을 보내고 계신
여러분과 함께하고 싶습니다.

워킹맘 생존육아

스스로 하는 아이로 키우는

워킹맘 생존육아

박란희 지음

한국경제신문

PROLOGUE

삶의 우선순위는 '엄마'에 두기로 마음먹었다

아이가 학교에 간다는 건 엄마에게 '입학' 그 이상의 의미다. 12년짜리 마라톤의 첫 출발점이기 때문이다. 그것도 전국 팔도에서 60만 명이 함께 뛰는 어마어마한 마라톤이다. 대한민국 엄마 중 아이의 대학입시 결과에서 자유로울 수 있는 사람은 거의 없다. '난 그깟 마라톤 따윈 관심 없어' 하고 애초부터 대안적인 삶을 살기로 작정하거나, 금수저를 물고 태어나 선택의 자유가 큰 0.0001%의 부자를 빼면 다 비슷하다. '괜찮은 대학이라도 가야 자기가 원하는 삶에 좀 더 가까이 갈 수 있을 텐데…….' 이런 마음을 품지 않는 엄마가 있을까.

문제는 '좁은 문'을 향한 경쟁이다. 가질 수 있는 사탕은 1개뿐인데, 갖고 싶어 하는 아이들이 10명이나 되는 슬픈 현실! 내 아이가 사탕을 가졌으면 하는 '기대', 만약 내 아이가 사탕을 못 가지면 어떡할까 싶은 '두려움', 혹시 내 아이가 사탕을 못 가져도 좌절하지

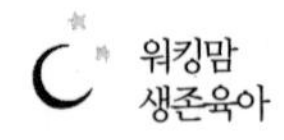

않기를 바라는 '안쓰러움'이 교차한다. 아이가 마라톤 출발선을 벗어나는 순간, 그 트랙 바깥에서 계속 응원하면서 같이 뛰어야 하는 엄마들에겐 이 세 가지 마음이 늘 함께한다.

한데 이 경기장에서 경주하는 60만 엄마와 아이들 중 장애를 가진 소외계층이 있다. 바로 '워킹맘과 그 아이들'이다. 24시간 아이 곁을 지키며 '페이스메이커' 역할을 해주는 전업주부와 달리, 워킹맘은 이중 하루 10시간 넘게 아이 곁을 비워야 한다. 우리 아이가 달리다 한눈을 팔아도 모르고, 넘어졌다 일어선 것도 모르며, 언덕길에서 속도조절을 하고 싶어 하는 마음도 모른다.

"어때? 나 좀 괜찮아 보여?"

회사 후배한테 물어보니, "단정해 보인다"고 한다. 점심도 거른 채 오후 1시에 있을 공개수업과 학부모총회에 참석하기 위해 종종걸음을 친다. 아이 학교가 가까워오자 정장 차림에 곱게 화장을 한 엄마 수십 명이 삼삼오오 교문을 향해 걸어가는 모습이 보인다. 긴장감이 상승한다. 교실을 하나씩 지나칠 때마다 뒷자리와 복도까지 빽빽하게 서 있는 초롱초롱한 눈망울들을 만난다.

'우리 아이 자리는 어디일까' '수업시간에 발표는 잘할까' '선생님은 어떤 분일까'……. 호기심과 두려움이 교차한다. 뒤에 서서 보니 새까만 머리 30개가 앉아 있는데 용케도 내 새끼 머리에서만 빛이 난다. 열심히 손을 드는데 선생님이 빨리 안 시켜주는 것도 안타깝고, 좀 더 큰 목소리로 또랑또랑 발표했으면 좋겠는데 아이가 그렇게 하지 않아 아쉽다. 내 자식 잘하는 것만 봐야 하는데, 남의 자식 잘하는 게 눈에 더 들어온다.

매번 새 학년만 되면 반복되는 일상이다. "어머니, 일하시죠?" 학교 선생님과 상담을 하려고 앉으면, 맨 먼저 엄마인 내 정체성부터 밝혀야 한다. 엄마가 일을 한다는 건, 선생님이 고려해야 하는 '아이의 주요 특이사항'이기 때문이다.

"워킹맘이 뭐 어때서요?"

이렇게 말해봐야 아무런 소용이 없다. 원하든, 원치 않든 워킹맘이 '아이 곁을 24시간 지켜줄 수 없는 엄마'라는 건 객관적 사실이다. 하지만 처음에는 이 사실을 받아들이기가 힘들다. 마치 교통사고를 당해 중도 장애인이 된 사람들이 자신의 장애를 받아들이기 힘들어하는 것처럼.

'엄마가 일한다고 아이가 잘못된다는 법이라도 있나! 워킹맘을 차

별하는 이 사회 시스템을 바꿔야 해.'

'매일 커피숍에 모여 수다나 떠는 전업주부들보다 워킹맘인 내가 훨씬 좋은 롤 모델이 될 거야. 워킹맘의 아이도 성공할 수 있다는 걸 꼭 보여줄 거야.'

이런 생각은 워킹맘이 자신의 정체성을 인정하지 않아서 생긴다. 정체성을 인정하지 않으니 괜한 피해의식이 드는 것이다.

처음에는 나도 몰랐다. 20대 때 읽었던 수많은 여성 리더의 책에서처럼 '워킹맘이어도 아이를 충분히 잘 키울 수 있고, 아이에 대한 사랑은 양보다 질'이라는 것만 믿었다. 나는 시댁의 도움을 받던 '일중독 워킹맘'으로 5년을 지내다 원치 않게 3년을 전업주부로 보낸 이후 어렵사리 다시 시작한 직장에서 '아이중독 워킹맘' 생활을 5년째 하고 있다.

"여러분은 앞을 내다보고 점을 연결할 수는 없습니다. 나중에 회고하면서 연결할 수 있을 뿐이죠. 그렇기 때문에 여러분은 각각의 점이 미래에 어떻게든 연결될 거라고 믿어야 합니다."

애플 창업자 고故 스티브 잡스가 스탠퍼드대 졸업식에서 했던 말이다. 곱씹으면 곱씹을수록 맞는 말이다.

경력이 단절된 채 아이만 바라보고 살던 전업주부의 시간을 겪어 보지 않았더라면 어땠을까. 아마 평생 몰랐을 것이다. 워킹맘과 그 아이들이 처한 냉정한 현실을! 전업주부들과 어울리고 그들의 문화를 이해하면서, 전업주부 프레임으로 워킹맘의 모습이 보이기 시작했다. 아이와 학교를 둘러싼 커다란 공동체 속에서 엄청나게 소외된 계층, 그들이 바로 워킹맘이다.

하지만 정작 처음부터 쭉 워킹맘으로만 지내온 이들은 이런 현실을 모른다. 어떤 이는 정보가 부족해 막연한 두려움에 휩싸이고, 어떤 이는 굳이 그런 공동체에 끼어야 할 필요성을 느끼지 않는다. 한 워킹맘이 그랬다.

"정장 차림에 화장한 얼굴로 출근길 아파트 엘리베이터를 탈 때, 후줄근한 평상복 차림의 민낯으로 아이 등교 준비에 바쁜 전업주부들을 가끔 만나요. 그때마다 복잡한 생각이 들어요."

복잡한 생각, 내 경우 그것은 '교만함'과 '죄책감'이었다. '나는 저런 전업주부와 달라' 하는 교만함과 '저들은 아이를 위해 희생하는데, 나는 이렇게 살아도 될까' 하는 죄책감이 동시에 들었다. 주변의 많은 워킹맘들이 비슷한 생각을 하고 있을 것이다.

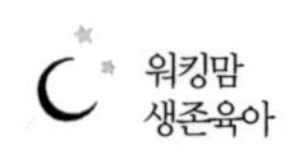

다시 워킹맘이 되어 제2의 인생을 시작하면서 내 나름대로 세운 기준이 있다. 감사하게도 내 인생을 살 수 있는 기회가 주어졌지만, 삶의 우선순위는 '엄마'에 두기로 마음먹었다. 엄마인 나는 일을 하면서 자아성취를 할 권리를 되찾은 대신, 아이는 엄마로부터 보호받고 사랑받을 시간과 권리를 잃어버렸기 때문이다. 워킹맘이 아무리 노력해도 '시간'이라는 물리적인 한계를 이길 방법은 없다. 방과 후 매일 엄마표 간식을 챙겨줄 수도 없으며, 손을 잡고 같이 피아노학원에 갈 수도 없으며, 아이가 아파도 당장 병원에 뛰어갈 수 없다. 워킹맘이 아이한테 미안함을 갖는 건 당연한 일이다. 죄책감을 갖지 말라고 하는데, 미안한 건 미안한 거다. 나는 아이에게 최대한 덜 미안해하기 위해 노력할 의무가 있다.

참 오래도록 내 가슴에 남은 책 《죽음의 수용소에서》는 제2차 세계대전 당시 강제수용소에 갇힌 정신과 의사 빅터 프랭클 박사의 자전적 이야기를 담고 있다. 수면 부족, 배고픔, 구타, 언제 끌려갈지 모르는 극한적 공포 속에서 사람들은 무엇을 붙잡고 살아갈까. 빅터 프랭클 박사는 "강제수용소에서도 남을 위해 희생한 사람들이 있었는데, 그들의 시련과 죽음을 통해 '주어진 환경에서 자신의 태도를 결정할 수 있는 자유, 마지막 남은 내면의 자유만큼은 결코 빼앗을 수 없다'는 걸 깨달았다"고 고백한다.

워킹맘도 마찬가지다. 일단 장애를 갖고 있음을 인정하고 나면, 이 환경에서 자신의 태도를 결정할 자유가 있다. 다시 마라톤으로 돌아가보자. 워킹맘이 공정한 경쟁을 벌일 수 있도록 엄마들의 응원 시간을 하루 2시간으로 정하거나, 워킹맘이 언제든 볼 수 있게 아이들이 달리는 전 구간에 CCTV를 설치할 수도 있겠지만, 사회가 바뀌기만을 기다릴 수는 없다. 자신이 적극 나서야 한다. 주변에 같이 달리고 있는 페이스메이커 전업주부들에게 도와달라고 하는 게 가장 빠르고 사회적 비용도 덜 든다.

장애인에 대해 가장 큰 편견을 가진 집단은 누구일까. 한 번도 장애인을 접해본 적이 없는 사람들이다. '장애인을 도와야지' 하는 생각만 할 뿐 정작 장애인을 만나면 어떻게 도와야 할지 그 방법을 모른다. 장애인과 같이 일해본 사람들은 편견이 없다. 워킹맘과 전업주부가 친구가 된다면, 우리 사회에 널리 퍼져 있는 양쪽 모두의 편견을 깰 수 있을 것이다.

"워킹맘은 전업주부를 너무 몰라요."

〈여성조선〉 김보선 편집장과 차를 마시며 이런 이야기를 한 것이 계기가 되어 칼럼을 쓰게 됐고, 생각지도 않게 책까지 출간하게 되었다. 출판사에서 제의를 해왔을 때, 감사한 마음에 잠이 오지 않았다. '성공적으로 자녀 교육을 시킨 것도 아니고, 명문대에 자녀를 보낸 것도 아닌 워킹맘의 시행착오도 책으로 출간될 만한 가치가 있는 것일까' 하는 고민도 됐다. 하지만 용기를 냈다. 동료이자 선후배 워킹맘으로서, 이런 경험을 함께 나눠보고 싶었다.

'엄마 나이'로 치면 이제 불과 12년차다. 모든 게 서툴고 힘들었다. 나침반도 없고, 목적지도 없는 망망대해를 돛단배 하나에 의지해 건너가는 기분이었다.

"저 지금 잘하고 있는 거 맞나요?"

이렇게 소리쳐서 물어보고 싶었다. 세상에는 온통 워킹맘 이야기가 흘러넘치고 워킹맘이 손만 내밀면 도움 받을 곳이 널려 있는 듯하지만, 막상 아이 문제로 힘들 때는 선뜻 도움을 청할 만한 곳이 없다. 일과 가정, 어떤 것도 포기할 수 없기에 워킹맘에게 이 문제는 '생존'과도 같은 것이다. 이 책에는 그간 물에 빠져 허우적대기를 수없이 반복한 끝에 무사히 균형을 잡게 된 '노잡이' 엄마의 경험이 담겨 있다.

전업주부들이 많은 목동에서 쫄지 않고 워킹맘으로 잘 살게 된 그간의 경험과 아이 스스로 생각하고 성장하기를 바라며 함께한 시간의 경험이 담겨 있다. 이 책이 많은 워킹맘과 전업주부를 잇는 다리가 되고, 또 지금 이 시간에도 남모를 눈물을 흘리는 워킹맘들에게 위로가 되었으면 좋겠다.

지난해 겨울이었다. 위가 끊어질 듯 아파왔다. 바늘 수십 개가 한꺼번에 배를 찌르는 것 같았다. 낮에 커피를 5잔 가까이 마신 데다 스트레스 때문에 며칠 동안 신경 쓸 일이 많아서였는지 위경련이 일어나는 것 같았다.

퇴근 후 저녁 무렵이라 남편에게 전화했지만 회식인지 연락이 되지 않았다. 처음 겪는 일이라 어떻게 해야 할지 막막했다. 열한 살, 여섯 살짜리 딸 둘이 갑자기 심각해졌다. 큰아이가 비장한 얼굴로 “엄마, 약국 가서 약 사올게요”라고 했다. 언니를 따라 작은아이도 함께 가겠다고 점퍼를 입었다. 밤 9시가 다 되어가는 춥고 깜깜한 겨울밤이었다. 하루에도 수차례 다투는 ‘앙숙’ 같은 자매인데, 이날은 손을 꼭 잡고 호흡이 척척 맞았다. 아이들이 사온 위경련 진통제를 먹고 나서야 고통이 사라졌다.

그날 밤 자고 있는 아이들 모습을 보는데 가슴이 벅차올랐다.

'이 보석 같은 아이들의 엄마가 된 게 얼마나 감사한 일인가. 해준 것도 별로 없는 부족함이 많은 엄마인데……. 아이들에게 주는 것보다 받는 게 더 많구나.'

책이 나오기까지 많은 분들에게 신세를 졌다. 경력단절 여성으로 눌러앉을 뻔한 나를 NGO의 세계로 이끌어준 이미경 환경재단 사무총장, 공익섹션 〈더나은미래〉를 통해 사회적으로 가치 있고 보람 있는 일을 하는 기쁨을 누리게 해준 조선일보 〈더나은미래〉 허인정 대표에게 특별한 감사를 전한다. "이 이야기도 책이 되느냐"며 반문한 저를 격려해주며 책을 출간하도록 도와주신 한국경제신문 한경BP 편집부에 감사드린다. 삶의 희로애락을 함께 해오며 어느덧 좋은 친구가 된 사랑하는 남편, 책 쓰느라고 주말 동안 놀아주지 못한 엄마를 기다려준 두 딸 연서와 연주에게 고맙고 또 미안하다. 부족하고 뾰족한 상처투성이 인간을, 무한한 사랑으로 다시 세워주신 하나님께 이 책을 바치고 싶다.

박란희

워킹맘
생존육아

| 차례 |

CHAPTER 2

엄마도 아이와 함께 자란다

CHAPTER 3

엄마는 전략가

워킹맘, 목동에서 살아남기

CHAPTER 4

100명의 엄마에겐 100가지 육아법이 존재한다

CHAPTER 1

절반은 전업주부,
절반은 워킹맘의 정체성을 지닌
'반인반수半人半獸'로서
나는 떳떳하게 살기로 했다.

워킹맘,
전업주부 따라잡기

워킹맘, 시애틀에서 처음 전업주부가 되다

"부장, 아무래도 사표를 내야 할 것 같습니다."

"1년만 휴직해라. 회사 돌아올지 말지는 그때 가서 고민해도 늦지 않아."

이혼서류를 들고 서부지법으로 가겠다는 남편의 최후 통보를 받은 후, 막막해진 내가 선택할 수 있는 것은 사표뿐이었다. 회사에 사직 의사를 밝힌 다음, 남편 회사 근처로 찾아가 무조건 빌었다.

"그동안 너무 잘못했어. 앞으로 잘할게. 회사 그만두기로 했어. 같이 미국 가자."

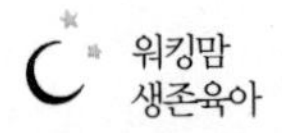

미국행 비행기 출발을 한 달여 앞두고 벌어진 '벼랑끝 화해'였다.

사실 남편의 희망은 오로지 가족이 한 울타리 안에서 오순도순 살고 싶다는 것이었고, 미국에 가면 그 바람이 이루어질 것이라 생각했다. 태어난 지 두 달 만에 시댁이 있는 충남 예산으로 내려간 어여쁜 딸은 다섯 살이 되어도 아직 서울 집으로 합류하지 못하고 있었다. 우리는 일주일 혹은 2주일에 한 번씩 이산가족 상봉하듯 만나서 서로의 좋은 모습만 보여주고 헤어지는 '주말 모녀'였다.

그마저도 여의치 않으면 일요일 낮 12시쯤 출근하는 엄마를 위해 아이가 서울로 올라오기도 했다. 기차역에서 아이를 배웅하고 돌아서서 출근할 때 마음이 찢어지게 아픈 것은 잠시였고, 그런 이별의 순간이 1년을 넘어서자 홀가분해지기까지 했다. '난 나쁜 엄마일까' 하는 죄책감이 들 정도였다.

회사에서 전투를 치른 후 일요일 밤 10시가 넘어 퇴근해서 집에 가면, 나를 기다리다 웅크리고 자는 남편이 있었다. 다음주 출근할 때 입을 와이셔츠 6벌을 다려놓고, 근처 분식집 음식이나 집에서 끓인 라면으로 혼자 저녁을 해결한 후 TV를 보다 스르륵 잠든 남편이……. 잠결에 실눈을 뜬 채 "왔어" 하는 남편의 모습을 보는 게 우리 가족의 일요일 밤 풍경이었다. 그런 모습을 볼 때마다 또 죄책감이 들었다. '난 나쁜 아내일까.'

하지만 그런 고민도 다음 날이면 모두 잊혀졌다. 매일 아침 독자들의 집 앞에 배달될 신문을 만들어내기 위해서는 하루에도 수십 번씩 간과 쓸개, 창자까지 오장육부가 뒤집어지는 '마감전쟁'을 치러야 했기 때문이다. 게다가 당시 국회를 출입한 지 1년도 안 됐기 때문에, 여기자가 드문 정치부에서 제대로 성공해야 한다는 욕심으로 가득 차 있었다.

"정치부에서 자리 좀 잡히면, 1년 후에 미국으로 따라갈게. 그때까지만 참아줘. 1년 후에는 우리 가족이 함께 살 수 있어."

나는 일산의 작은 아파트로 이사했고, 남편은 시애틀의 1인용 원룸을 계약했다. 충남 예산의 딸, 시애틀의 아빠, 경기도 일산의 엄마까지 이산가족으로 완벽하게 자리 잡게 되는 셈이었다. 하지만 삶은 계획대로 되지 않았다. 유일한 희망이 꺾인 남편과의 갈등이 폭발 직전까지 간 후에야 모든 게 선명하게 보이기 시작했다.

'무엇을 얻고, 무엇을 버릴 것인가.'

선택의 순간은 누구에게나 오지만, 그때만큼 고민의 시간이 짧았던 때는 없는 것 같다. 사랑하는 가족을 잃게 될지도 모른다는 생각이 들자, 지금까지 목숨 바쳐 일했던 직장이 한순간에 하찮게 느껴졌다. 내 죽음 앞에서 울어줄 사람은 누구일까, 내 이름 석 자를 그리워할 사람은 누구일까. 그런 본질적인 질문 앞에서 답은 명확했다. '조선일보 정치부 기자 박란희'가 아니라, '사랑하는 아내요, 존경받는 엄마 박란희'였다.

그렇게 백수가 됐다. 7월 31일 미국행 비행기 출발을 한 달여 앞둔 2008년 초여름, 서른넷의 나이였다. 미국에 가서야 안 사실이지만, 남편과 함께 동반유학을 오는 전업주부들의 경우 짧게는 3개월, 길게는 6개월 동안 철저한 준비를 했다. 한국에서 사야 하는 품목, 예를 들면 순면 속옷이라든가, 한글 책과 수학교재 등을 모조리 사오는 식이었다. 하지만 우리는 한 달 만에 미국행 비행기를 탈 수 있었던 게 기적일 만큼 주먹구구였다. 이사한 지 한 달도 안 된 일산 아파트에서 또 이사를 한다고 하니 공인중개사 사장님은 "이런 손님 처음 본다"고 혀를 찼다. 심지어 떠나기 이틀 전에야 미국 비자가 찍힌 여권을 가까스로 손에 넣을 수 있었으니, 제대로 된 준비를 할 겨를도 없었다.

'모든 건 미국에 가면 대충 해결될 거야. 거기도 사람 사는 동네니까.'

당장 굶어죽지 않도록 압력밥솥, 쌀, 밑반찬 등과 한 계절을 견딜 수 있는 옷가지 정도만 이민가방에 챙겨 넣은 채 우리 3명은 미국행 비행기에 올랐다.

얼떨결에 시애틀에서 주부로서의 삶이 시작됐다. 워킹맘에게는 대부분 작은 소망이 한 가지씩 있다. '회사를 그만두면 이걸 해봐야지' 하는 것들이다. 몸이 부서질 것처럼 힘들 때면 늘 생각했다. '단 하루라도 방해받지 않고 조용한 공간에서 혼자 지낼 수 있으면 얼마나 좋을까. 할 수 있는 일은 또 얼마나 많을까.' 진짜 그런 꿈같은 일이 벌어진 것이다. '02-724'로 시작되는 회사 전화에 맘 졸일 필요도 없고, 얽히고설킨 인간관계 때문에 피곤할 필요도 없으며, 경쟁과 성과 스트레스도 없는 그런 세상이 왔다.

내 계획은 거창했다. 외국인과 전혀 거리낌 없이 대화가 술술 되는 영어도사가 될 것이요, 술과 스트레스로 찌든 몸을 다이어트하고 개조해서 '몸짱'이 될 것이요, 그동안 시간이 없어서 읽지 못했던 책을 원 없이 읽을 것이요, 죽기 전에 멋지게 피아노 연주를 할 수 있도록 피아노를 배울 것이었다. 물론 요리를 좀 배워야겠다는 계획은 있었지만, 우선순위에서 밀려나 있었다.

하지만 곧 알게 됐다. 내가 세운 계획은 미혼여성 혹은 자녀 없는 기혼여성에게나 실현 가능한 것이었고, 자녀 있는 기혼여성에게는 어림도 없는 것이었다. 우선 시간이 많다고 오롯이 내 시간이 되지는 않았다. 이상했다. 남편과 딸이 각각 학교와 프리스쿨preschool(미국의 어린이집)에 가고 난 후 매일 설거지와 청소를 하고 점심을 혼자 먹고 나면, 오후 2시 30분부터는 딸을 데리러 갈 준비를 해야 했다. 4~5시간이 정말 후다닥 지나갔다. 특별히 뭔가를 하지 않았는데도 그랬다.

딸이 돌아온 이후에는 내 시간 같은 건 포기해야 했다. 다섯 살 아이는 아직 혼자 놀기에는 어렸다. 엄마의 시간을 몽땅 차지해버렸다. 아이와 조금 놀아주다 보면 금방 저녁식사를 준비해야 할 시간이 돌아왔다. 저녁식사 후 설거지를 끝내고, 빨래를 개면서 TV를 조금 보고 나면 어느덧 하루는 다 저물어 있었다. 아침에 눈 뜬 이후부터 저녁 퇴근까지 하루 10시간 이상 오로지 '내 일'만 생각하던 몰입의 시간은 사라졌다. 주부가 되면 시간이 많아질 것이란 생각은 완벽한 착각이었다. 그동안 나는 돈을 버느라 몰랐을 뿐, 전업주부가 된다는 건 결국 타인으로부터 돈으로 사왔던 가사노동이며 엄마 역할을 직접 해야 한다는 뜻이었다.

책 한 권을 몰입해서 제대로 읽기도 힘들었다. 사실 신문사에 들어간 후 시간이 없다 보니, 백수가 되면 읽겠다며 월급의 일부를 쪼개서 책을 사거나 신문사로 들어온 증정본 책을 꼭 챙겨서 방 한쪽 벽면의 책장에 가득 채워두었다. 남편은 "그 책 언제 읽겠냐. 제발 지적 허영을 버리고 정신 좀 차리라"고 구박했지만, 그 집착만큼은 버리지 않았다. 일이 힘들어도 책들을 보면 왠지 힘이 나곤 했다. 아늑한 분위기의 식탁이나 소파에서 편안하게 책을 읽을 내 모습을 상상하면서.

하지만 미국행으로 인해 책들은 모두 나와 이별했다. 우리 아파트에 있던 짐은 시골 시댁의 컨테이너 창고에 넣어두었는데, 꼭 읽을 만한 책만 골라 박스째 실어 보냈고 그마저도 채택받지 못한 책들은 고물상 아저씨가 전자제품 폐품을 수거할 때 트럭을 갖고 와서 포대에 담아 갔다. 2년 후 한국에 돌아와 시골 컨테이너 창고를 찾은 나는 다시 한 번 경악했다. 시골 쥐가 박스 귀퉁이를 파먹어서 책 일부에도 그 흔적이 남았고, 비가 내렸다 그치는 자연현상 속에 방치돼 있던 책은 누렇게 변해 있었다. '나중에' 라며 미뤄뒀던 책 읽기가 내 것이 되지 못하는 걸 경험하면서, 어른들이 왜 '모든 일은 다 때가 있는 법'이라고 말하는지 조금은 알게 됐다.

시간이 부족한 것 말고도 전업주부가 되자 달라진 게 많았다. 돈을 쉽게 쓰지 못했다. 할 수 있는 최선의 일은 매달 일정한 남편의 월급 안에서 생활비를 아껴 쓰는 것이었다. 우선 매일 외출할 곳이 없으니 옷이 별로 필요 없었다. 아마 미국 생활 2년 동안 입은 옷가지를 모두 합쳐도 20벌이 넘지 않을 것이다. 귀국을 앞두고 같은 아파트에 살던 아줌마 몇몇이서 시애틀 북쪽에 위치한 프리미엄 아웃렛 매장에 쇼핑을 하러 갔는데, 귀국하면 다시 복직을 하게 되는 한 워킹맘은 "와, 이거 회사 갈 때 유용하게 입을 수 있겠다"면서 10만 원이 넘는 트렌치코트를 샀다. 그 순간 돌아갈 회사도 없이 진짜 전업주부가 된 내 신세가 가슴 찢어지게 아파왔다.

가장 늦게까지 적응이 되지 않는 것은 점심식사를 혼자 해야 한다는 점이었다. 냉장고에 있는 반찬을 꺼내놓거나 그것도 귀찮으면 라면을 끓여서 식탁에 우두커니 혼자 앉아서 먹을 때면, 유체이탈이 일어나는 것 같았다. 그렇게 궁상맞게 식사를 하고 있는 내 모습을 또 다른 내가 처량하게 보고 있는 듯한 느낌이 들었다. 가끔 눈물도 났다. 점심식사 때마다 취재원들과 약속하는 게 당연했고, 취재원들과의 식사가 없으면 동료 선후배들과 함께 "오늘은 어디서 뭘 먹을까. 매일 먹는 게 거기서 거기다. 뭐 특별한 거 없나" 하면서 메뉴를 정하던 그 시절 생각이 났다.

그 즈음이었다. 어떻게 내 마음을 알았는지 앞집에 사는 한국인 아주머니가 점심 무렵에 똑똑 문을 두드렸다.

"애기 엄마. 점심 안 먹었으면 내가 자장밥 만들었는데, 같이 먹을래요?"

우리가 살던 2층짜리 아파트는 A동부터 Z동까지 26개동이 넘는 대형 단지였는데, 방문교수나 유학을 온 회사원, 공무원 등 한국인 부부가 20가구 넘게 살았다. 둘째 아이가 태어나기 전인 첫 1년 동안 나는 한국인 주부들과 거의 왕래를 하지 않았다. 비록 현재는 주부의 모습이지만, 나는 엄연히 그들과 다르다고 생각했다. 남편 또한 주변 소식을 전하며 "한국인 아줌마들끼리 모여봤자 괜히 쓸데없는 소문만 난다"고 싫어했다. 친구가 없어 외로워하던 나에게 앞집 아주머니의 제안은 너무 달콤했기에 냉큼 그 집으로 건너갔다.

한국에서 제대로 챙겨온 짐도 없는 데다 귀국하는 유학생으로부터 싼값에 인수받은 중고가구를 대충 정리해놓은 우리집과 달리, 그 집은 한마디로 '안정감' 그 자체였다. 은은한 향초를 피워 좋은 향이

났고, 식탁이며 협탁 등 집 안 곳곳에 아기자기한 소품이 많았다. 청소도 어떻게 한 것인지, 너무 깔끔하고 아늑했다. 대전의 한 국책연구원에서 일하는 남편을 따라 1년 동안 가족이 함께 연수를 왔다는 그분에게서는 평생 전업주부로 살아온 내공이 팍팍 느껴졌다.

자장밥 맛도 환상이었다. "이런 식탁보는 어디서 사셨어요?" "저런 촛대는 어디서 사셨어요?" "자장밥이 진짜 맛있어요. 어떻게 만드셨어요?" "영어공부는 어디서 어떻게 하세요?" 나는 그녀에게 질문을 쏟아부었다. 귀국을 몇 개월 안 남긴 그녀는 근처에 주부들이 쇼핑할 만한 쇼핑센터, 싸고 좋은 물건을 건질 수 있는 중고매장, 자장밥은 춘장을 넣은 다음 꿀을 한 스푼 넣으면 훨씬 맛있다는 것, 근처에서 영어공부를 할 수 있는 도서관과 학교뿐 아니라 이 아파트에만 개인레슨을 오는 영어강사가 있다는 것 등을 알려주었다.

그녀는 이후 틈틈이 자장과 잡채, 카레, 김치 같이 한꺼번에 많이 만들 수 있는 요리를 한 경우에는 꼭 음식을 나눠주었다. 서툴지만 나도 네이버 블로그에 올라온 요리를 하나씩 독파해가며 어렵게 만든 요리를 앞집에 나눠주었다. 그리고 일주일이나 2주일에 한 번씩은 앞집에 놀러가 함께 점심을 나눠 먹으며 수다를 떨었고, 동네 돌아가는 이야기를 전해들을 수 있었다. 아줌마 세계의 입문, 그 시작이었다.

어마어마한 육아의 짐은 오로지 '엄마'의 몫

"한국에서 평생 쌀 김밥을 미국에 사는 1년 동안 다 싸고 갑니다. 한국에 가면 '밥순이'에서 좀 해방되겠죠. 전화만 하면 온갖 음식이 배달되니까."

미국 시애틀 생활에 대한 간접정보를 얻기 위해 가입한 카페에 한 주부가 귀국소감이라며 이렇게 써놓았다. '주부체험'이란 캠프가 있다면, 미국에서 한 달 살아보게 하는 게 최고일 것 같다. '가스비 1,000원' 나오는 가짜 주부로 살던 나는 결혼 6년 만에 제대로 살림을 배워야 했다.

처음에는 모든 게 신기했다. 딸과 함께 빚은 반죽이 오븐에서 노릇하게 구워져 쿠키가 되어 나왔을 때, 우리는 감탄하며 함께 '승리의 브이v 자'를 만들며 사진을 찍었다. 하지만 시애틀에 정착한 지 한 달도 안 돼 나는 그 주부가 왜 그 글을 올렸는지 알게 됐다.

땅덩어리가 넓은 미국에서 시켜먹을 수 있는 배달음식이라곤 피자밖에 없었다. 게다가 몇 분만 걸어가면 온갖 종류의 식당이 펼쳐지는 한국과 달리, 미국에서는 외식할 곳이 마땅치 않았다. 세 끼니를 챙겨 먹는다는 게 정말 고역이었다.

"치킨, 피자, 돈가스, 자장면, 보쌈, 족발, 해물찜, 심지어 밥과 국, 반찬까지 배달되는 '배달천국' 한국이 이렇게 좋은 곳이었다니……. 한국 주부들은 살림을 발로 해도 되겠다."

이런 말이 절로 나왔다. 게다가 시댁에서 철마다 공수해오던 배추김치, 열무김치도 없으니 김치까지 직접 담가야 했다. 처음엔 계란말이, 감자볶음, 베이컨 구이 등 만들기 쉬운 요리로 식탁을 채웠지만, 메뉴가 점점 지겨워졌다. 세상에서 가장 만족시키기 어려운 게 사람의 눈과 입이라고 하지 않던가.

네이버 블로그에 올라오는 요리 정보를 교과서 삼아 하나씩 새로운 요리에 도전해나갔다. 옆집 아주머니한테 얻어먹은 음식, 교회 목사 사모님이 만들어준 음식 등 맛있고 새로운 음식이 보이면, 그것도 '머스트 두 잇must do it' 목록에 넣어두었다. 소고기가 워낙 싸다 보니 양념갈비, 소고기무국, 탕수육, 스테이크까지 소고기를 이용한 온갖 요리부터 섭렵했다. 부엌을 난장판으로 만들어놓고 4시간 걸려 만든 탕수육은 남편과 딸이 딱 하나씩만 먹고 식탁에서 물러날 정도로 실패작이 되어버렸고, 네이버 블로그에 있는 양념대로 대충 섞어서 재놓은 양념갈비는 야외 불판에서 구워먹을 때마다 대성공이었다.

그 다음은 김치였다. 2주일도 못 먹는 포장 배추김치를 1만 원이 넘는 돈을 내고 계속 사 먹을 수 없다는 걸 깨달은 나는 결연히 '김치 담그기'에 나섰다. 처음엔 배추 한 포기였다. 배추는 한 포기를 사왔는데, 곁가지로 따라오는 양념을 사느라 돈이 더 들었다. 배추를 절이기 위한 굵은 소금도 따로 사야 했고, 무와 멸치액젓, 생강도 사야 했으며, 특히 시원한 맛을 내는 배와 홍고추도 사야 했다. 김치 양념을 만드는 게 귀찮기는 했지만, 어렵지는 않았다. 꼬박 4시간 남짓 걸려 김치를 담근 후 너무 감격스러워 사진을 찍었다. 그러면서 깨달은 게 있었다.

'아, 이래서 배추를 한꺼번에 여러 포기 담그는구나. 배추 한 포기를 위해 양념 만드는 데 3시간 걸리는 건 너무 비효율적이구나.'

그동안 속고만 살았던 것이다. TV에서 김치 담그는 모습을 볼 때면, 매번 절인 배추에 양념을 치대면서 힘들어하는 주인공이 등장했건만 실상은 그게 아니었다. 양념을 만드는 게 힘든 일이지, 절인 배추에 양념을 치대는 것은 남자도 할 수 있는 전혀 힘들지 않은 단순 노동이었다. 이후 배추는 네 포기로 늘었고, 나중에는 비슷비슷한 양념을 활용해서 배추김치, 깍두기, 파김치, 오이소박이까지 김치통 8개가 꽉꽉 차도록 담갔다. 김치 8통을 담근 지 며칠이 지났을까. 신문사 정치부 선배한테서 연락이 왔다. 휴직 기간 1년이 끝나갈 무렵이었다.

"회사에서 너 복귀할 수 있는지 확인해보라고 하는데, 어떻게 할 거니?"

그 무렵 내 뱃속에는 곧 세상에 나올 준비를 하고 있는 둘째 딸이 있었다. 몇 시간 동안 울면서 사직서를 썼고, 그 원본을 국제우편으로 회사에 보냈다. 완전한 경력단절 여성이 되어버렸다. 마음은 슬펐지만 몸이 슬퍼할 겨를이 없었다. 한국에서 계속 회사를 다녔다면 어쩌면 꿈도 꾸지 못했을 둘째 아이가 세상에 나온 것이다. 할머니도 할아버지도 없고, 고모와 이모도 없는, 100% 초보 엄마와 초보 아빠 달랑 둘뿐인 이국땅에서 말이다.

엄마로서 첫째 아이를 온전히 돌본 것은 딱 2개월이었다. 대소변을 가리고 혼자 밥을 먹을 줄 알고, 좋고 싫다는 걸 언어로 표현할 줄 아는 다섯 살짜리 딸아이와 1년을 살아왔지만, 그건 '난이도 하下'에 해당하는 기본문제만 푼 것에 불과했다. 엄마인 내가 없으면 아예 생존조차 불가능한 신생아를 제대로 키워내는 '난이도 중中'급

문제가 기다리고 있었고, 여기에다 아이 한 명이 아닌, 두 명을 키울 때 발생하는 기상천외한 '난이도 상上'급 문제도 해결해야 했다.

얼마 전 둘째 딸 유치원 등굣길에 만난 한 엄마는 곧 복직해야 하는데 보육도우미를 구하지 못해 발을 동동 구르고 있었다. 큰아이가 여섯 살, 작은아이는 아직 돌도 채 지나지 않았는데, 늘 큰아이 유치원 등교를 위해 작은아이를 유모차에 싣고 왔다 갔다 했다. 꼭 예전 내 모습을 보는 듯해서 안쓰러워 여기저기 아는 사람을 통해 "좋은 사람 없느냐"고 물어봤다. 하지만 대답이 한결 같았다.

"아니 아침 8시부터 저녁 8시까지 아이 두 명 보는 것만 해도 지쳐서 나가 떨어져요. 근데 빨래와 청소, 밑반찬까지 하라는 건 너무 힘들어요. 160만 원 갖고는 턱도 없어요."

그 말을 들으니까 정신이 확 들었다. 남한테 맡기면 최소 200만 원 넘게 줘야 하는 정도의 노동 가치를 지닌 일이 바로 '육아'와 '살림'이었던 것이다.

8개월 전쯤이었을까. 우리 아파트 1층의 한 집이 대대적인 리모델링 공사를 했다. 30년이 넘은 목동 아파트에는 누가 이사 오는지 공사를 하는 집을 보면 안다. 1층이라서 유난히 눈에 띄었는데, 베란다 창문을 통해 보이는 집이 한눈에도 교육에 관심 많은 아기 엄마임을 알 수 있었다. 확장공사를 한 베란다에는 온갖 종류의 유아용 책과 교구, 장난감 등이 가득했다. 드디어 집에 불이 켜졌다. 그러던 어느 날이었다. 둘째 아이를 유치원에 데려다주느라고 1층을 지나치는데, 아이 엄마의 짜증 섞인 목소리가 쩌렁쩌렁 울렸다.

"야, 좀 먹으란 말이야. 엄마가 애써 이렇게 만들어놓았는데, 입도 안 대면 어떡하니. 빨리 안 먹어!"

곧이어 들리는 두세 살 된 아이의 자지러지는 울음소리. 엄마의 목소리 데시벨은 점점 더 높아졌다. 그러자 아이는 더 크게 울었다. 그 소리를 듣고 있자니 한숨이 푹푹 나왔다. '나도 예전에 저랬겠지.'

지금이야 TV프로그램을 통해 아빠가 육아에 참여하는 모습이 등장하고 '육아가 이렇게 힘든 것이구나'라는 국민적 공감대가 생겼지만, 이전까지 우리나라 육아 문화는 '폭력' 그 자체였다. 부모 밑에서 편하게 밥 얻어먹으며 직장생활을 하거나 혼자 독립해 살다가 멋모르고 결혼한 30대 초중반의 여성이 모든 걸 떠안는 구조 말이다. '엄마'라는 이름 하나를 달고 나면, 자동적으로 그 어마어마한 육아의 짐을 홀로 져야 했다.

나 또한 미국에서 그랬다. 첫 아이를 키우던 2개월의 경험은 까먹은 지 오래였다. 둘째는 처음부터 다시 시작해야 했다. 모유수유를 제대로 하지 못해 아이도 울고 엄마도 우는 생지옥이 끝나자, 피부가 약한 내 젖가슴에서 피가 나고 딱지가 나는데도 어찌할 바를 모르는 상황이 계속되었다. 그뿐인가. 아이가 며칠 동안 소변을 누지 않고 짜증만 내는데도 이유를 알 수 없었고, 아이가 열이 나고 자지

러지게 울어대도 당장 해볼 수 있는 게 별로 없었다. 그저 '네이버 육아카페'를 검색하면서, 엄마들의 사연을 참조해가며 공부하고 또 공감하며 위로받는 게 전부였다. 070 국제전화를 만들었지만, 시차 때문에 급할 때는 그 전화가 그리 유용하지 않았다. 오히려 급할 때 가장 고마운 건 '동네 선배 엄마'였다. 나보다 먼저 그 힘든 시행착오를 겪어온, 같은 '엄마' 말이다. 이심전심, 상부상조, 동병상련 뭐 이런 단어들로 설명할 수밖에 없는 관계였다.

둘째 아이를 출산하던 날, 그날은 공교롭게도 큰아이의 새 학기가 시작하는 날이었다. 아이를 프리스쿨에 데려다준 지 1시간 남짓 지났을까, 갑작스레 진통을 느껴 남편과 함께 허겁지겁 병원에 가야 했다. 언제 아이가 나올지 몰라 급히 같은 아파트에 살던 선배 엄마에게 "딸아이를 유치원에서 데려와서 하룻밤만 재워 달라"고 부탁했다. 진통을 하고 있는 와중에 선배 엄마한테 전화가 걸려왔다.

"어떡하지? 내가 아이의 하교를 책임지는 사람으로 등록되어 있지 않아서 아이를 데려갈 수 없다고 요지부동이야. 부모가 모두 둘째 아이 출산 때문에 병원에 가 있다고 아무리 설명해봐도 소용없어. 1시간 넘게 이러고 있는데 어떻게 해야 할지 모르겠어."

아이 안전에 관한 한 정말 철저한 나라가 미국이다. 결국 우리는 그 프리스쿨의 유일한 한국인 교사이자 전년도에 첫째 아이 담임을 맡았던 한국인 교사에게 전화로 사정을 설명해야 했다. 그 한국인 교사가 안전에 대한 모든 책임을 진다는 보증과 사인을 하는 조건으로 딸아이가 무사히 동네 엄마한테로 인계됐다.

둘째 아이가 태어난 후 나는 완전한 '동네 아줌마'가 됐다. 주부내공 100단의 선배 엄마들을 따라 유모차를 차에 싣고 쇼핑을 다니기도 했고, 아이를 들쳐 업고 이웃집에 '마실'을 가서 수다를 떨기도 했다. 이유는 하나였다. 아이를 하루 종일 혼자 돌보는 게 너무 힘들어서였다. 아줌마들 여럿이서 모여 있으면, 아무래도 아이를 돌보는 손이 하나라도 더 늘어날 뿐만 아니라, 아이 또한 시끌벅적한 집에 가면 구경할 게 많아서인지 덜 보챘다. 예전에는 친정엄마가 어떻게 아이를 여섯씩이나 낳아서 키웠을까 싶었는데, 생각해보니 친인척이나 가까운 동네 이웃이 많은 시골 공동체에서는 가능할 수도 있을 것 같았다.

육아와 살림이 생활의 중요한 축이 되자, 쇼핑 목록도 하나 둘씩 생겨나기 시작했다. 미국에 가면 꼭 사온다는 '명품그릇' 을 사는 아줌마들을 보고 "세상에서 가장 이해할 수 없는 여자들이 비싼 그릇 사는 여자들"이라고 욕을 했던 나는, 어느새 남의 집에 갈 때마다 무슨 그릇에 어떤 음식을 담아내는지 눈여겨보고 있었다. 왜 주부들이 그릇에 욕심을 부리는지 그 마음을 이해할 수 있게 됐다. 내가 정치부에 출근하면서부터 정치인들과 마찬가지로 머리부터 발끝까지 단정한 정장을 입고 다닌 것과 비슷했다. 전업주부의 워킹타임 중 3분의 1 이상을 차지하는 식사 준비를 위해 예쁜 그릇에 음식을 담아내고 싶어 하는 건 너무나 당연한 인간의 심리였다.

어느 순간 아무런 창의성과 아름다움을 주지 못하는 우리 집 혼수용 밥그릇, 국그릇이 지겨워지기 시작했다. 국민그릇이라고 불리는 '포트메리온' 그릇을 하나둘씩 장만하는 이웃집 아줌마를 부러워하며, 1년 6개월 만에 나도 처음으로 그릇을 사기로 결심하기에 이르렀다. 남들과 좀 차별화해보겠다며 '레녹스 버터플라이'로 정했다. 백악관에 들어가는 그릇으로, 그릇의 선이 곱고 색감도 예뻤다. 나중에는 그릇을 한 푼이라도 싸게 사기 위해 15% 할인쿠폰을 10여장 프린트해간 후, 블랙 프라이데이 새벽 5시에 미국의 유명백화점인 메이시스 백화점에서 줄을 서기까지 하는 '극성 주부'의 내공도 지니게 됐다. 물론 한국에 돌아온 후 딸아이 친구 집에 가서 똑같은 그릇을 봤을 때 약간 허무하고 민망하기도 했지만.

아직도 쇼핑을 그리 좋아하지는 않지만, 적어도 쇼핑을 하는 요령을 배운 건 큰 소득이었다. 대학 다닐 때는 돈이 없어서, 회사 생활을 할 때에는 시간이 없어서 제대로 쇼핑하는 법을 배운 적이 없는 나였다. 가끔 쇼핑을 해야 할 때면, 값은 비싸도 오래 입을 수 있는 무난한 옷을 재빨리 샀다. 쇼핑에 관한 남자의 뇌구조와 여자의 뇌구조를 비교해놓은 재미있는 그림을 본 적이 있는데, 내 경우는 남자의 뇌구조에 해당하는 셈이었다.

미국에서 '불의의 사고'로 나와 비슷한 시기에 셋째 아이를 낳은 내공 100단의 선배 엄마를 알게 됐다. 비슷한 처지인지라 이것저것 서로 많이 도왔는데, 그녀는 쇼핑에 관해서만큼은 '대가大家'라 할 수 있었다. 사치스럽게 이것저것 사는 게 아니라 원칙이 있었다.

"이건 한국에 가면 명품이라고 엄청 비싸게 팔아. 아이들 외투 하나 사놓으면 몇 년씩은 입으니까 괜히 싸구려 여러 벌 살 생각 말고 하나쯤은 괜찮은 걸로 마련해. 돈 버는 거니까 이건 사. 그리고 편한 바지 같은 건 여러 벌 갖춰놓고 입혀야 하니까 굳이 브랜드 의류 필요 없어. 계절 바뀌면 철 지난 재고가 되니까 이거 처분하느라고 '떨이 세일'을 많이 할 때 미리 사두면 싸게 살 수 있어."

이 선배 엄마를 따라다니면서 또 한 가지 깨달았다.

'역시 시간이 돈이구나. 시간이 없어서 내가 돈을 포기하고 옷을 비싸게 샀다면, 주부들은 시간을 투자해 돈 나가는 구멍을 막는구나.'

세상에 돈을 벌 수 있는 방법은 딱 두 가지뿐이다. 돈을 버는 것과 돈을 절약하는 법. 〈조선일보〉에서 '통계청 2분기 가계수지'를 통해 심층 분석해놓은 '맞벌이와 외벌이'에 관한 재미있는 기사를 본 적이 있다. '맞벌이가 크게 남는 게 없다'는 생각이 통계로 확인된다는 내용이었다. 맞벌이 근로자 가구의 월 소득은 393만 원인데, 외벌이의 월 소득은 290만 원 정도로, 맞벌이가 월 103만 원을 더 벌었다.

하지만 맞벌이 가구의 월 지출은 289만 원, 외벌이는 243만 원으로 한 달에 46만 원을 더 썼다. "맞벌이는 외식비와 교통비 지출도 많고, 옷과 신발 등에도 더 많이 썼으며, 그 외에 교육비와 통신비, 가사도우미 비용, 경조사비 등도 외벌이보다 많았다"는 게 요지다. 맞벌이가 외벌이보다 월 57만 원 남는 장사인 셈인데, 맞벌이를 하면서 희생해야 하는 아이의 육아문제 등을 고려하면 그리 남는 장사도 아니라는 것이다.

"아줌마들끼리 몰려다니면서 쇼핑이나 하고 말이야……."

흔히 전업주부를 비하할 때 쓰는 말 중의 하나인데, 이 또한 편견이 많이 들어 있음을 알게 됐다. 전업주부의 일이란 결국 '남편과 자녀들의 의식주衣食住를 챙기는 것'인데, 쇼핑을 잘한다는 건 이중 맨 첫 번째 항목인 옷을 싸게 잘 사는 노하우를 알고 있다는 뜻이다. 전업주부에 대한 편견이 깨질수록, 내 안의 정체성이 점점 흔들리고 있었다.

'난 누구일까. 이렇게 전업주부로 계속 살아야 할까. 전업주부로 사는 건 행복할까. 남편과 아이를 돕는 일을 내 삶의 가장 큰 비전으로 삼고 살아갈 수 있을까.'

귀국하는 날이 가까워질수록 이런 고민은 점점 깊어졌다. 한때 열정적으로 일에 미쳐 지내던 '기자 박란희'의 모습은 흐릿해져가고, 이제는 미성년 어린아이 두 명을 꼬리표처럼 달고 다니는 '전업주부' 혹은 '○○이 엄마'의 모습이 나를 규정하고 있었다. '사회로 다시 나갈 수 있을까' 하는 걱정과 함께 자신감은 날이 갈수록 줄어들었다. 그렇게 불안하고 두려운 상태로 귀국했다.

워킹맘과 전업주부 사이, 반인반수

"남편 직장이 여의도라면 살 만한 곳은 서울 목동밖에 없네. 목동은 학원이 많아서 골라 다닐 수 있어. 다른 지역에 살면 학원 다니느라고 시간을 얼마나 많이 빼앗기는지 몰라. 초등학교 고학년이 되면 어차피 학원가가 모여 있는 동네로 이사하게 되어 있으니까 아예 빨리 자리를 잡는 게 좋지. 게다가 목동은 단지 안으로 차가 들어오지 않기 때문에 아이들을 키우기엔 정말 안전해."

귀국을 앞두고 어느 곳에 정착해야 할지를 고민하는 나에게 주변 엄마들은 다들 서울 '목동'을 권해줬다. 그 전에는 이사 고민 같은 게 없었다. 우선순위는 오로지 '회사와 얼마나 가까운가'였기 때문이다. 마포와 서대문 같이 서울 시내 도심 근처에 살면 됐다. 하지만 아이의 학교 입학을 앞두니 상황이 달라졌다. 한국에서 단 한 번도 '엄마 문화'라는 걸 접해보지 못했기 때문에 나는 교육열 높은 목동이 어떤 곳인지에 대한 감이 별로 없었다. 별 고민 없이 목동을 선택한 후, 시댁 아주버님과 형님한테 전셋집을 구해달라고 했다.

"이런 곳에서 살 수 있겠어?"

아주버님과 형님은 여러 차례 걱정을 했다. 같은 값이면 30평대의 넓고 깨끗한 새 집에서 살 수 있는데, 왜 굳이 귀신 나올 것 같은 낡은 집에서 살려고 하는지 모르겠다는 것이다. 막상 귀국해보니 왜 그런 걱정을 했는지 알 것 같았다. 그나마 수리가 된 집이라고는 했지만, 화장실과 문짝은 낡아 있었고 무엇보다 부엌의 개수대가 자취생에게나 어울릴 정도로 무척 좁았다. 옛날에 지어진 곳이라 89㎡임에도 방이 2개뿐이었다. 한숨이 푹푹 나왔다.

"애들 공부 때문에 이사 오는 분들이 대부분이라, 다들 몇 년만 눈을 딱 감고 불편해도 참고 살아요."

부동산에서는 이렇게 위로했다.

사실 목동으로 이사한 후 후회한 적이 한두 번이 아니다. 주변에 아이를 맡길 만한 친인척이 아무도 없는 곳에 자리를 잡는다는 건, 결국 사회를 향해 단 한 발짝도 내디딜 수 없다는 걸 의미했다.

한번은 신문사에서 친하게 지내던 여자 선배가 "2년 만에 귀국했으니 밥을 사주겠다"며 강남 코엑스에서 만나자고 했다. 유치원생 첫째와 10개월 된 둘째를 맡길 곳이 없어서, 하는 수 없이 경기도 고양에 사는 시댁 형님께 "몇 시간만 애를 좀 맡아 달라"고 부탁했다. 차로 15분 거리인데, 오랜만에 운전하다 보니 길을 잘못 들어 인천 쪽으로 빠지고 말았다. 약속 장소에 늦을 것 같아 하는 수 없이 시댁 형님께 아이 맡기는 걸 포기하고, 뒷좌석에 아이 둘을 태운 채 강남 코엑스로 향했다. 차가 막히자 큰애도 칭얼대고, 작은애는 배고픈지 울어 젖혔다.

정신없이 코엑스에 도착한 후 한 손으로 큰아이 손을 잡고, 또 다른 손으로는 유모차를 밀면서 지하 2층에서 허겁지겁 1층으로 올라왔다. 그런데 '아차!' 싶었다. 휴대폰을 차 안에 두고 내린 것이었다. 어린아이 둘을 데리고 또 그 길을 되짚어가려니 가슴이 막막했다. 당시 그 선배는 코엑스에서 진행되던 미술 전시회를 취재하고 있었기 때문에 그곳에 가면 쉽게 만날 수 있을 것이라고 생각했다. 하지만 전시회 입구부터 가로막혔다. "조선일보 ○○○ 기자를 만나러 왔다"고 했지만, 명함이 없는 나는 애 둘 딸린 아줌마에 불과했다.

우여곡절 끝에 선배와 연락이 되어 전시회장 안으로 들어갔지만, 배고프다는 큰아이 밥 먹이느라고 선배와는 제대로 얘기도 하지 못했다. 명함이 없어진 서글픈 내 모습에 그날 집으로 돌아오는 차 안에서 왠지 눈물이 났다.

막상 전업주부가 되자 자존감에 상처를 입는 일은 예상 외로 많았다. 아니, 그 누구도 내 자존감에 상처를 내지 않았지만 괜한 피해의식 때문에 스스로가 위축됐다. 사회에서 잠시라도 일을 하려면 아이를 맡길 곳이 필요하고, 그러기 위해서는 돈이 필요했다. 자연스럽게 '아이를 키우는데 지장이 없으면서도 돈을 벌 수 있는 일은 없을까'를 고민하게 됐다.

그 무렵 미국에서 친하게 지냈던 선배 엄마가 함께 A사의 다단계 마케팅을 해보자고 했다. 서초동에 있는 사무실에서 매주 월요일과 수요일 오전에 강연과 행사가 있으니, 한 번만 가보자고 했다. 첫째를 유치원에 보낸 후 둘째를 포대기에 들쳐 매고 지하철을 탔다. 서초역에서 내려 걸어가는데, 우연히 예전 출입처에서 친하게 지내던 다른 신문사 기자를 마주쳤다.

"아, 미국에서 돌아왔구나. 왜 복귀 안 해?"

회사를 그만뒀다는 이야기를 하며, 그 기자의 명함을 받고 헤어졌다. 그날 다단계 마케팅 강연은 열광적이었다. 강연자 또한 평범한 전업주부였는데, 자신이 어떻게 해서 이렇게 높은 위치에 올라 돈을 많이 벌고 있는지를 설명하는 자리였다. 하지만 좁은 강당에 수십 명이 운집한 그곳이 답답한지 아이가 자꾸 칭얼댔고, 전혀 몰입할

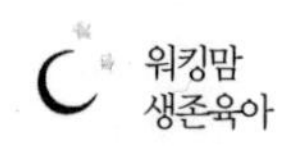

수가 없었다. 게다가 계속 예전 동료 기자와의 만남이 오버랩되었다. 포대기에 아기를 업은 채 머리를 질끈 묶은 아줌마가 되어버린 나 자신의 모습을 반추해보며 괜한 자격지심에 빠졌다.

워킹맘으로 일할 당시 늘 입버릇처럼 말하던 게 있었다.

"아, 나도 남편이 벌어다주는 돈으로 편하게 아이 키우면서 살면 얼마나 좋을까. 왜 이 고생을 사서 할까."

하지만 진짜 전업주부가 되어보니 현실은 쓰라렸다. 왕년에 내가 누구였든, 무슨 일을 했든 그건 중요하지 않았다. 그건 바로 두 아이가 온전히 자립할 수 있을 때까지 무려 19년의 인생 주파수를 아이들에게 맞춰야 함을 의미했다. 그게 아니라면, 풀타임으로 아이를 돌봐줄 수 있는 재택입주자를 구할 만큼 월급을 많이 받거나 시댁이나 친정 중 단 한 명이라도 아이를 위해 희생해줄 또 한 명의 '어머니'가 필요했다. 내겐 둘 다 불가능했다. 신문사 복귀도 어렵거니와, 경남 함안과 충남 예산의 친정·시댁 어른들에게 그 '고난의 행군'을 맡길 수도 없었다. 이 현실을 깨닫는 순간, 집은 감옥처럼 느껴지고 내 인생의 발목을 잡는 두 아이가 원망스럽고 남편이 미워졌다. 〈조선일보〉에서 좋은 기사를 발견할 때면 괜히 눈물이 나왔다.

'나도 잘할 수 있는데…….'

아마 갓 전업주부가 된 많은 엄마들이 나와 비슷한 경험을 할 것이다. 정신과 의사인 엘리자베스 퀴블러 로스Elizabeth Kubler Ross에 따르면, 말기 암환자가 죽음을 받아들이는 과정은 5단계를 거친다고 한다. 1단계는 대다수가 자신의 죽음을 받아들이지 못한 채 진단이 잘못됐다고 '부정'한다. 2단계는 분노다. '왜 나에게 이런 병이 생겼는지' 되묻는다. 3단계는 많은 갈등 속에서 현실과 '타협'한다. 4단계는 회복이 불가능함을 알면서 점점 '우울'해하고 마지막 5단계에서 자신의 죽음을 피할 수 없는 사실임을 인정하고 이를 '수용'한다.

나 또한 전업주부가 되었다는 사실을 받아들이는 데 이와 같은 5단계의 과정을 거쳤다. 당시는 현실이 너무 갑갑해서였을까. 제3의 길이 있으리라고는 생각하지 못했다. 삶의 우선순위를 가족과 아이들에게 두면서도, 사회에 도움이 되고 내가 즐거워하는 일을 할 수 있다는 가능성 말이다.

목동으로 이사한 걸 가끔 후회한 이유는 또 있다. 귀국한 지 얼마 안 돼 친한 대학동창 몇 명을 집으로 초대해 차를 마셨다.

"너 왜 목동으로 왔니? 나 같으면 절대 아이를 목동에서 안 키울 텐데……. 집안 대대로 부자인 사람들이 강남에 많다고 하면, 목동은 대체로 자수성가한 부자들이나 전문직 샐러리맨들이 많이 살아. 어찌 보면 강남보다 경쟁이 더 심하다니까. 자식 공부에 모든 걸 거는 엄마들이 너무 많고, 경쟁이 심하다 보니까 애들도 엄청 이기적이 될 수밖에 없어."

이렇게 말한 친구는 우리 아파트 바로 옆에 위치한 중학교에서 역사를 가르치다 교사라는 직업에 회의를 느끼고 그만둔 후 세계 일주를 다녀왔다. 그 친구 말에 걱정이 확 밀려왔다.

게다가 첫째가 초등학교에 입학한 지 한 달 만에, 18개월인 둘째가 어린이집에 다니게 되면서 나는 다시 직장생활을 시작했다. 환경재단이라는 비영리단체에서 1년 남짓 일했고, 이후 조선일보 〈더나은미래〉의 편집장으로 자리를 옮겨 본격적인 사회생활을 시작했다. 전업주부가 많은 '엄마 세계'에서 워킹맘은 곧 '소외계층'을 뜻하지 않는가.

직장에는 아이가 초등학교 1학년임을 미리 알리고 "학교행사나 중요한 엄마모임에는 빠질 수 없다"고 못을 박았다. 다행히 원고를 쓰거나 고치는 등의 일은 굳이 회사가 아니어도 컴퓨터만 있으면 되는 일이기는 했다. 물론 일하는 아줌마를 쓰고 학교행사를 빼먹을 수도 있었지만, 또다시 그렇게 제2의 인생을 살고 싶지는 않았다. 내 삶의 우선순위는 가족과 아이들로 바뀌었고, 지속가능한 삶을 위해서는 어찌 됐든 일과 가정의 균형을 맞춰나가야 했다. 돌이켜 생각해봐도 돌봐주는 친인척 없이 혼자 하느라 죽도록 고생은 했지만 양육의 주도권을 엄마인 내가 놓치지 않은 것은 아이와 엄마 모두에게 좋았다. 내 아이를 잘 관찰할 수 있었기 때문이다.

흔히 초보 워킹맘 중에서 아이가 초등학교 1학년에 입학하면 휴직을 해서 '무조건 전업주부 엄마들과 잘 사귀어보겠다'고 의욕을 부리는 경우가 있는데, 그게 말처럼 쉽지는 않다. 나 또한 아이가 유치원에만 가면 또래 전업주부를 많이 사귈 수 있을 줄 알았다. 하지만 6개월 넘도록 또래 주부는 딱 한 명 사귄 게 전부였다. 그것도 나와 처지가 비슷한, 큰아이의 초등학교 입학을 앞두고 대안이 없어 직장을 그만둔 '초보 경력단절 여성'이었다.

"여자애들과 달리 남자애들은 엄마가 집에 없으면 애를 망친대요. 그 집이 동네 애들이 모이는 아지트가 된다고 하잖아요. 남편도 직장 나가는 것을 심하게 반대해서 계속 다닐 수가 없었어요."

그녀 또한 목동으로 이사한 지 얼마 안 되는 처지라, 목동의 교육정보를 공유 받을 수도 없었다. 그저 "다시 회사에 나가고 싶다"거나 "무슨 요리를 해서 삼시 세 끼를 먹느냐"며 전업주부의 어려움을 공감하고 아이 키우는 이야기를 나눴다. 서로의 집을 오가면서 아이들을 놀게 하고, 같이 밥도 나눠 먹으니 '내 아이' '네 아이' 격의 없이 친해졌다. 하지만 이 목적 없는 순수한 만남은 나중에 종종 큰 도움이 됐다. 회사에 다시 나가는 순간 전업주부들과의 만남이 줄어들 수밖에 없는데, 학교행사 준비물이나 최근 학교를 둘러싼 뒷이야기 등을 이 엄마한테만큼은 편하게 전화해서 물어볼 수가 있었다.

반면 정확한 목적을 가진 만남은 오래 가지 못했다. 지난해 연말 뉴스에 "2007년 '황금돼지해'에 태어난 아이들이 올해 초등학교에 진학하면서, 자녀 교육을 이유로 직장을 그만둔 여성들이 크게 늘었다"는 보도가 나왔다. 통계청 조사 결과 지난해 상반기 9만 3,000명의 여성이 자녀 교육 때문에 '경력단절 여성'이 되었는데, 이는 같은 기간보다 28%(2만여 명) 늘었다는 것이다 실제로 아이가 '초등학교 1학년'이 되면, 엄마의 긴장감은 극도로 높아진다. 입학식에서 같은 반은 몇몇 엄마가 이미 친분이 있는지, 서로 귓속말을 하거나 알은체를 하는 것만 봐도 신경이 쓰인다.

3월 한 달만 전업주부로 지내다 4월부터 출근을 해야 하는 나는 '우리 애도 빨리 절친을 만들어야 할 텐데……' 하고 마음이 급해졌다. 그러다가 일찍 학교를 마친 아이를 데리고 집으로 돌아가는 길에 같은 반 엄마와 마주쳤다. 우리는 근처 커피숍에 앉아 수다를 떨기 시작했다. 회사원인 이 엄마도 외동딸을 위해 1년 동안 휴직을 한 경우였다.

그날 이후 우리는 매일 학교가 끝나는 오후에 만났다. 미술학원이나 피아노학원도 같이 다니자고 해서 학원을 이곳저곳 알아본 다음 같은 곳으로 신청했다. 서로의 집도 자주 왕래했다. 하지만 시간이 갈수록 괴로워졌다. 그 아이와 우리 아이의 성향이 잘 맞지 않았기 때문이다. 처음에는 잘 지내다가도 한두 시간만 지나면 우리 아이가 늘 울었다. 잘 달랜 후 서로 헤어져야 할 시간이 되었는데, 이번에는 그 애가 "더 놀고 싶다"고 난리를 쳤다. 외동인지라 집에서도 늘 혼자 놀던 그 아이는 친구와 놀고 나서 깔끔하게 헤어지는 법을 잘 몰랐다.

이뿐 아니라 이 엄마의 교육방식도 내 스타일과 안 맞았다. 워킹맘이라 아이한테 늘 미안해서인지, 이 엄마는 아이가 하자는 대로 따랐다. 보통의 전업주부 같았으면 당연히 "이제 친구와 헤어져야 한다. 다음에 이렇게 떼를 쓰면 친구와 더 이상 놀지 못한다"고 따끔하게 원칙을 알려줬을 텐데 이 엄마는 그러지 못했다. 대신 그 아이가 초롱초롱한 눈망울로 "아줌마, 조금만 더 놀면 안 돼요?"라고 나에게 말하는 걸 어떻게 거절하겠는가. 의사결정의 주도권을 아이에게 무조건 맡기는 스타일이었다. 결국 어린이집에 맡겨놓은 둘째 딸을 오후 5시쯤 데리고 와서 저녁 7시 넘어서까지 논 적도 있었다. 심지어는 남편이 퇴근할 때까지 헤어지지 못해 각자의 남편들과 함께 저녁까지 외식을 해야 하는 상황이 생기자 슬슬 그 엄마를 피하고 싶은 마음이 생겼다. 집안일도 자꾸 밀리고 삶의 리듬도 끊어졌기 때문이다.

그 후 내가 회사에 출근하면서 자연스럽게 그 엄마와의 관계는 정리됐다. 모든 인간관계의 법칙은 다 똑같았다. 회사든 엄마 모임이

든 목적을 위한 만남은 오래가지 못하고, 깊이가 얕았다. 전업주부의 '친구'가 되려면 함께 공유하는 시간을 늘리고 서로를 배려하며 오고가는 정이 들어야 하는 법이었다.

포기냐 참여냐, 정체성을 찾아서

미국으로 떠나기 전, 존경하는 한 회사 선배가 밥을 사주면서 이렇게 말했다.

"지금은 네가 가족을 위해 인생 전부를 희생하는 것처럼 느껴져서 억울할 수도 있을 거야. 하지만 세상은 참 공평하다. 한 사람이 희생하는 그 시간만큼 언젠가는 상대방도 희생하는 날이 오고, 그게 쌓이면 신뢰가 되더라. 또 억울하다고 느껴질지도 모르는 그 시간들이 나중에는 반드시 도움될 날이 올 거야."

당시는 슬픔에 빠진 나를 그저 위로하기 위해 하는 말로 생각했는데, 시간이 갈수록 그 말이 사실임을 느끼는 순간이 많았다. 온전히 전업주부로 살아야 했던 그 시간 덕분에 전업주부의 삶을 알고 이해한다는 것은 '엄마 문화'에 자연스럽게 어울릴 수 있는 커다란 무기가 됐다. 특히 비빌 언덕이라곤 한 명도 없는 목동에서 급할 때 SOS를 칠 수 있는 '전업주부 친구'가 있다는 건 어마어마한 일이다.

지난해 초여름 9박 10일가량 미국의 뉴욕과 워싱턴, 시애틀을 돌면서 미국의 비영리기관과 기부 문화를 살펴보는 출장을 가야 할 일이 있었다. 공익섹션이라는 우리 지면의 특성상 아프리카나 아시아의 빈곤지역에 도움이 필요한 현장을 취재하거나, 미국이나 영국 등 선진국의 기부나 사회공헌 현장을 둘러볼 수 있는 취재가 많다. 하지만 애 둘 딸린 워킹맘이 해외출장을 가기란 어디 쉬운 일인가. 늘 출장을 기피해왔지만, 이번만큼은 꼭 가고 싶었다. 문제는 10일 동안 애들을 돌봐줄 수 있는 돌보미 아줌마가 없다는 것이었다.

지난해 초 남편의 중국 베이징 발령이 거의 확정된 상태에서 아이들을 2년 넘게 돌봐주던 돌보미 아줌마에게 "갑자기 일자리 잃으면 안 되니까 빨리 다른 집을 알아보셔야 한다"고 알렸다. 하지만 갑작스레 중국행이 취소됐고 우리 가족은 '낙동강 오리알'이 되어버렸다. 돌보미 아줌마한테 "다시 우리집으로 와달라"고 하기도 쑥스럽고, 살 집을 구하느라 빚을 많이 진 상태라 경제적으로도 어려워서, 힘들어도 나와 남편이 힘을 합쳐 견뎌보기로 했다. 야근이야 재택근

무로 메울 수 있고, 저녁 술자리도 되도록 점심 미팅으로 바꿀 수 있지만, 해외출장은 도저히 답이 나오지 않았다. 10일 동안 남편이 꼬박꼬박 저녁 7시 30분 이전에 퇴근하기란 불가능했다.

하는 수 없이 시골에 계신 시어머니께 "이틀이라도 애들을 좀 봐주면 안 되겠느냐"고 부탁했다. 시어머니가 올라올 경우 이틀 동안 시아버님의 끼니를 어떻게 챙겨야 할지 걱정이었지만, 그건 또 시누이에게 부탁하기로 하고 일단 밀어붙였다. 시어머니는 "알았으니 걱정 말고 다녀오라"고 하셨다. 10일 중 이틀은 주말이고, 2박 3일은 시어머님이 봐주시니까, 나머지 5일 정도만 남편이 고생하면 될 것 같았다. 하지만 며칠 후 시누이에게서 전화가 걸려왔다.

"올케, 엄마가 올케 신경쓸까 봐 말도 안 하셨는데, 엄마 지금 서울 가면 안 돼. 며칠 전에 엄마가 갑자기 체해서 숨을 제대로 쉬지도 못하는 바람에 응급실 갔다 왔어. 절대 무리하면 안 된대. 엄마는 '괜찮다' 며 그냥 서울 가겠다는데, 내가 말렸어. 올케가 다른 방법을 찾아봐."

죄인이 된 심정으로 전화를 끊었다. 서울에서 차로 6시간이나 걸리는 시골에 계신 친정엄마를 모셔올까 고민해봤지만, 그것도 못할 짓이었다. 평생 농사만 지어온 친정엄마는 서울 지리를 잘 알지도 못하거니와, 애들이 유치원과 학교에 간 후 아무도 없는 갑갑한 아파트에 갇혀 며칠씩 지내면 오히려 '병' 에 걸릴 것 같았다. 차라리

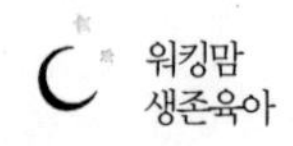

아이들이 어리기라도 하면 시골로 보내버리면 되는데, 학교와 유치원을 가야 하는 아이들은 문제가 오히려 더 복잡했다.

여성가족부의 아이돌보미 사이트에 가입해서 임시 도우미를 구해볼까 할 요량으로 어렵게 가입은 했지만, 신청 절차도 귀찮고 복잡했다. 게다가 엄마도 없는 상태에서 새로운 돌보미한테 서비스를 받는 것도 께름칙했다. 경기도 고양에 사는 시댁 형님도 떠올렸지만 시댁 조카들도 중고등학생이라 챙길 게 많기 때문에 현실적으로 불가능했다. 가능한 모든 대안이 사라진 상태였다. 너무 속상해서 친하게 지내는 큰딸 친구 엄마한테 이런 사정을 하소연했다.

"정말 이렇게까지 해서 직장을 다녀야 하는지 모르겠어. 내 딴에는 열심히 살려고 노력하는데 어떻게 주변에 나를 도와주는 사람이 한 명도 없는지 모르겠어."

내 말을 듣더니 전업주부인 그 엄마는 잠시 후 이렇게 말하는 것이었다.

"언니, 애들 저한테 맡기세요. 밥숟가락만 2개 더 얹으면 되니까요. 애들 챙겨서 학교 보내고 저녁도 우리 집에서 먹으라고 하고요. 형부가 퇴근하면서 애들 데리고 가면 되죠."

그 말을 듣는 순간 와락 눈물이 쏟아질 것 같았다. 마치 죽어가는 생명을 구해준 은인을 만난 것처럼 그 엄마한테 "정말 그럴 수 있겠느냐" "꼭 사례하겠다" "너무 고맙다"를 연발했다. 그녀 덕분에 나는 해외출장 길에 두 다리 쭉 뻗고 잘 수 있었다. 물론 그 엄마는 "우리 사이에 무슨 돈이냐. 절대 돈을 받지 않겠다"고 사례도 거절했다. 하는 수 없이 출장길에 비싼 선물을 사갖고 왔다.

그 엄마는 "밥숟가락 2개만 더 얹으면 된다"고 쉬운 일처럼 말했지만, 나는 안다. 남의 집 아이 둘을 10일씩이나 책임지고 돌본다는 게 얼마나 힘든 것인지. 전업주부 경험을 해보지 않았으면, 그 공감대를 갖지 못했을 것이다. 실제로 주변 워킹맘 중에는 이런 공감대가 부족해 괜히 자신의 아이를 눈총 받게 하는 안타까운 사례도 있었다.

큰딸이 1학년일 때 같은 아파트에 사는 한 남자아이가 그랬다. 엄마가 일요일마다 근무를 하고 대신 주중에 하루 쉬는 직장에 다녔는데, 그러다보니 늘 일요일마다 아이가 동네 놀이터 등에서 방치되는 것 같았다. 가재는 게 편이어서인지, 워킹맘의 자식들이 아무도 없는 동네 놀이터에서 혼자 모래놀이를 하거나 자전거를 타고 있으면 내 자식 같은 마음이 들어서 자꾸 챙겨주고 싶었다. 처음 한두 번 우리 집에 데려와서 점심을 먹이고, 딸아이와 같이 공부도 하고 놀기도 하라고 했다. 문제는 일요일 오후 4시가 되어도 그 집에서 전화 한 통이 오지 않는 것이었다. 우리 가족이 다 함께 외출할 때면 난감했다.

"우리 약속이 있어서 나가야 하는데, 어쩌지? 오늘은 이만 헤어지자."

눈치 빠른 아이가 "네" 하면서 재빨리 겉옷을 차려입고 나서는 뒷모습을 보자니, 마음이 아팠다. 엄마는 출근했으니 아이를 챙길 겨를이 없을 것이요, 아빠는 낮잠을 자거나 밀린 휴식을 보충하는 게 틀림없었다. 물론 "고맙다"는 인사를 받으려고 한 일은 아니었지만, 아이한테 분명 이야기를 들었을 텐데 전화나 문자 한 통 없는 엄마가 좋게 보이지는 않았다. 그 엄마는 어쩌면 "밥숟가락 하나 더 얹는 게 뭐 힘든 일인가" 혹은 "아이들끼리 노는데 굳이 엄마가 끼어들 필요가 있을까"라고 생각했을지 모른다. 하지만 초등학교 저학년, 아니 고학년이 되어도 내 아이가 어디서 무엇을 하고 있는지를 파악하는 게 반드시 필요하다.

전업주부의 세계에서 제1원칙은 '기브앤테이크give and take'다. 하루 이틀 만나는 사이가 아니라 주변 아파트에서 계속 오가며 만나는 사이인 데다, 아이들까지 얽혀 있기 때문에 돈이든 시간이든 절대 타인에게 폐를 끼치지 않는 게 암묵적인 원칙이다. 전업주부들은 대놓고 말하지는 않지만, "시간이 없다며 얼렁뚱땅 대충 넘기려는 워킹맘들이 싫다"는 기본적인 정서를 갖고 있다.

전업주부와 친구 되기

전업주부들 중에는 아이끼리 어린이집, 유치원을 같이 다녔거나 한 아파트 단지에서 오래 살아 서로 친한 경우가 많다. 그렇기 때문에 초등학교 고학년 때 전학하면 친구 사귀기가 어렵다. 전학생과 마찬가지로, 바쁜 워킹맘이 전업주부와 친구가 되는 것도 매우 어렵다. 시간이 잘 안 맞기 때문이다. 브런치를 활용해야 하는 전업주부와 저녁 늦게, 혹은 주말에만 여유가 있는 워킹맘이 만나 수다를 떨기가 쉽지 않다.

전업주부와 친구가 되려면, 그룹이나 소모임에 끼는 게 가장 좋은 방법이다. 남자아이는 축구, 여자아이는 생활체육을 하는 스포츠클럽은 보통 8~10명씩 그룹을 이룬다. 미술 그룹, 체험학습 그룹 등 소모임은 팀 멤버를 채워야 하기 때문에 워킹맘의 아이도 되도록 넣어준다. 그나마 전업주부들과 정기적으로 소통할 수 있는 채널이 열린다.

내 아이를 활용해도 된다. 아이가 학교에 입학하면, 친하게 지내는 친구가 생기기 마련이다. 학교에서 있었던 일을 엄마에게 다 털어놓기 때문에 상대방 엄마도 아이끼리 서로 친한 사이임을 알고 있다. 주말에 "같이 놀릴까요?" 아니면 "같이 영화를 보여줄까요?" 등의 제안을 해서 아이를 활용해 자연스럽게 엄마와의 만남을 시도

해보는 것도 좋은 방법이다. 서로 차 한 잔 하면서 대화를 나누면 금방 친해진다.

전업주부들의 호칭은 '언니'다. 나 또한 '언니'라고 부르는 전업주부가 있다. 나를 '언니'라고 부르는 전업주부도 있다. '○○이 엄마'라고 하는 것보다 '언니'라는 호칭을 쓰면, 이상하게 빨리 친해지는 효과가 있다. 단, 친해지기 전에 학원 정보를 캐물으려는 시도를 단도직입적으로 하면 안 된다. 아이한테 들은 정보를 바탕으로 반 친구들에 대한 평가를 하는 것도 금물이다. 내 아이와는 사이가 나쁘지만, 다른 아이와는 사이가 좋은 친구가 있을 수 있기 때문이다. 한마디로 '말 조심'을 해야 한다. 아이가 아닌, 어른이 친구가 되는 데는 반드시 시간이 걸린다. 조급하게 생각하면 절대 안 된다.

전업주부 시절을 경험해보지 못했던 결혼 초반 6년을 돌이켜보면, 나 또한 이런 '철없는 워킹맘'이었던 것 같다. 신혼 초에 우리는 아주버님 댁과 차로 5분 거리에 위치한 아파트에 살았다. 주말이면 특별히 할 일도 없어 심심해하던 남편은 오후 3~4시쯤 자신의 형에게 전화해서 "저녁 먹으러 갈까" 하고 물어보았다. 나 또한 '얻어먹는' 저녁식사가 좋아서 그곳에 놀러가는 걸 반겼다. 하지만 형님 입장에서는 철딱서니 없는 동서였을 것이다. 아직 초등학생도 되지 않은 어린 남자아이 둘을 키우느라 하루 종일 지치고 힘들었을 텐데, 사전에 예고도 하지 않고 당일 오후에 불쑥 전화를 걸어 집으로 온다는 게 얼마나 부담스러운 일인가.

이뿐 아니었다. 명절에도 철없는 워킹맘 시리즈는 이어졌다. 차례를 지내지 않는 작은 집이라서 명절에 특별히 할 일이 많지 않은 데다 시어머니는 내게 늘 "일하느라 고생 많지. 이제 일할 게 없으니 들어가서 쉬어라"고 입버릇처럼 말하셨다. 하지만 시어머니는 부엌에서 한 발짝도 떠나지 않고 계속 이것저것 일을 하셨다. 그럴 때면 "엄마, 엄마"를 찾는 큰딸의 목소리가 너무 반가웠다.

아이를 핑계 삼아 나는 부엌에서 벗어났고, 아이의 낮잠을 재우면서 가끔 구석방에서 함께 낮잠을 자기도 했다. 잠에서 깨어나 화들짝 놀라서 부엌으로 달려가보면 어김없이 시어머니 곁에는 형님이 묵묵히 서서 보조역할을 하고 있었다. 어정쩡하게 부엌에 서 있는 시간이 너무 아깝기도 하고, 괜히 형님한테 미안해서 이런저런 불만을 토로했다.

"아니 왜 일을 효율적으로 하지 못하는 걸까요. 빨리 일을 해치우고 좀 쉬거나 책을 읽으면 좋을 텐데, 왜 하루 종일 부엌에서 일만 하는 거예요?"

"시어머니가 밥을 담는 순서는 너무 남녀 차별적이에요. 아버님, 아주버님, 남편, 그리고 아이들 밥까지 다 담은 후 며느리들 밥을 담

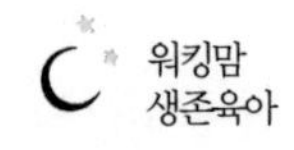

고, 맨 마지막에 어머님 밥을 담는다니까요. 여자들이 애들보다 더 후순위라니 말이 돼요?"

하지만 전업주부로 있어보니 어머니가 왜 그렇게 하루 종일 부엌을 못 떠났는지 알게 되었다. 명절의 경우 최소 2박 3일, 적어도 8끼의 식사를 준비해야 한다. 10명이 넘는 식구들의 8끼 식사를 준비하려면, 매끼 무슨 메뉴로 밥상을 차릴지 엄청나게 고민되었을 것이다. 그러다 보니 미리 음식재료를 다듬기도 하고, 명절이 끝난 후 자식들의 차 트렁크에 싸줄 먹을거리를 챙겨놓느라 그리 분주했던 것이다. 밥을 담는 순서 또한 이해가 됐다. 자식들에게 조금이라도 더 윤기 나고 찰진 밥을 먹이고 싶은 '엄마'의 마음이었던 것이다.

학부모 모임에 참여해보면 워킹맘은 크게 두 부류로 나뉘는 것 같다. 되도록 워킹맘임을 숨긴 채 최대한 전업주부와 보조를 맞추려는 부류, 그리고 일찌감치 전업주부와 어울리기를 포기한 채 모임에 잘 나오지 않는 부류가 그것이다. 특히 초등학교 1학년 때는 누가 워킹맘인지 제대로 분간하기 어려울 만큼 '전업주부스러운' 엄마들이 많았다. 생일모임, 생활체육그룹, 반 전체모임, 녹색어머니회 모임 등등 엄마모임이 자주 열릴 때마다 다들 열성적으로 참여했다.

나중에 알게 된 사실이지만, 1학년 때만 휴직한 엄마들이 꽤 많았다. 엄마 네트워크를 만들어놓고 난 후 이후에 그걸 활용하기 위한 목적이었다. 한번은 1학년 때 같은 반 친구 엄마를 3년 후 길거리에서 우연히 만났는데, 깜짝 놀라 "악" 소리를 지른 일도 있었다. 머리부터 발끝까지 정장으로 갖춰 입은 그녀는 어색하게 웃으며 "아, 그때는 제가 휴직을 해서……"라고 말했다. 당시 편안하고 수수한 아줌마 복장으로 엄마모임의 대화를 주도하던 그녀를 상상하면 도저히 믿기지 않는 변화였다.

반면 어떤 워킹맘은 몇년 동안 엄마모임에 한 번도 참석하지 않았다. 아예 엄마모임 자체를 꺼려하는 이들이다.

"서로 친하지도 않은데 눈치를 봐가며 친한 척, 교양 있는 척해야 하는 게 싫어. 자기 아이를 자기가 그냥 잘 키우면 되지 엄마들끼리 모여서 무슨 이야기가 나오겠니. 별로 쓸 만한 정보도 없어. 괜히 이것저것 듣고 오면 아이들끼리 비교돼서 심란하기만 하지."

한 워킹맘이 털어놓은 속내다. 직업이 교수이던 한 엄마는 1년 내내 단 한 번도 모임에 나오지 않았고, 반 대표 엄마에게 처음부터 못을 박기도 했다. "엄마모임에 참석하지 않을 테니 연락을 하지 않아도 된다"고 말이다. 그렇게 강력하게 거부 의사를 밝히는 경우는 드물어서, 그 아이는 엄마들 사이에서 자연스럽게 "아! 재가 그 아이야"라며 주시의 대상이 되었다.

둘 다 안타깝고도 슬픈 일이다. 워낙 워킹맘과 전업주부를 둘러싼 갈등 이야기가 많이 오르내리다 보니 생긴 부작용일 것이다. 약자들이 취할 수 있는 방법이 따로 있겠는가. 강자로 보이는 이들에게 잘 보이거나, 아예 강자들의 리그 자체를 외면하는 길밖에는. 하지만 전업주부와 워킹맘, 둘은 얼마든지 '친구'가 될 수 있다.

얼마 전 한 기사를 읽다 가슴이 뭉클했던 적이 있다. 인천 송도의 어린이집이 학대사건으로 갑자기 문을 닫게 되자, 아이를 맡길 곳이 마땅치 않은 워킹맘을 위해 이웃 엄마들이 "아이들을 돌봐주겠다"며 팔을 걷고 나섰다는 내용이었다. 엄마들의 인터넷 카페에 해당 어린이집에 다니던 아이를 돌봐주겠다는 글들이 이어졌다고 한다.

"그런 어린이집에 아이 보내지 마세요. 당장 아이 맡길 데 없는 직장맘님, 잠시나마 저희 집에서 돌봐드리겠습니다."

"○○아파트에서 10개월, 30개월 아이와 함께 지내고 있습니다. 직장맘님들 망설이지 마시고 채팅이나 쪽지 주세요."

워킹맘의 자식이든 전업주부의 자식이든, 반에서는 모두 똑같은 '친구'다. '다르다'는 이유로 차별받는 사회는 폭력적이다. 절반은 전업주부, 절반은 워킹맘의 정체성을 지닌 '반인반수半人半獸'로서 나는 떳떳하게 살기로 했다.

CHAPTER 2

엄마 손길이 없어도
아이가 스스로 홀로 서기까지는
반드시 시간이 필요하다.

엄마도 아이와 함께 자란다

욕심과 좌절을 오가다

드라마 〈미생〉을 보다가 워킹맘으로 나오는 선 차장이 극중 어린이집에 보낸 아이를 끌어안고 눈물을 흘리는 장면에서 같이 엉엉 울었다. 아이의 그림 속에 그려진 엄마는 늘 바삐 출근하는 뒤통수만 보이고, 아빠는 피곤에 찌든 채 소파에 드러누워 자고 있다.

"매일 이렇게 보고 있었구나, 엄마 뒷모습을. 잘 다녀오겠습니다. 다시는 널 미루지 않을게."

그 장면이 남의 일 같지 않았다.

"세상이 아무리 좋아져도 워킹맘은 어려워. 워킹맘은 늘 죄인이지.

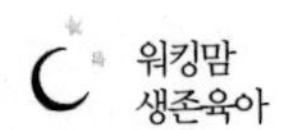

회사에서도 죄인, 어른들에게도 죄인, 애들은 말할 것도 없고……."

선 차장의 이 대사에 공감하지 않을 여성은 없을 것 같다. 일과 가정 사이의 균형을 팽팽한 고무줄처럼 아슬아슬하게 이어가며 잘 지내다가도, 아이한테 무슨 문제라도 생기면 어렵게 유지해왔던 균형이 와르르 무너진다.

큰딸이 초등학교에 입학한 지 얼마 안 됐을 때였다. 갑자기 아이가 밤에 잠자리에 들기 전 울먹울먹했다.

"엄마, 학교 가는 게 재미없어요."

이유는 수학시간의 연산 때문이었다. 당시 아이의 반에서는 '한자리 수+한자리 수' 덧셈을 배우고 있었는데, 선생님은 가로 10칸, 세로 10칸에 숫자를 집어넣은 후, 총 100칸에 가로와 세로를 더해 답을 적는 문제(일명 100칸 연산)를 자주 내주었다. 6~7세부터 일찌감치 학습지나 문제집을 통해 연산기계가 된 목동 아이들은 후다닥 그 문제를 다 풀었다. 선생님은 "문제를 다 푼 아이들은 머리에 손을 올리라"고 한다고 했다. 그러다 보니 딸아이를 포함해 늘 늦게까지 문제를 풀고 있는 몇몇 아이들은 자연히 '지진아' 대열로 분류되었다.

"아니, 선생님이 너무 폭력적인 거 아니니? 요즘이 어느 시대인데 그렇게 표가 나게 아이를 낙인찍는 거야? 그건 비교육적이야. 어떤 아이는 문제를 빨리 풀고, 어떤 아이는 문제를 늦게 풀 수도 있는 거지. 우리는 아직 덧셈, 뺄셈을 공부 안 했고, 이제 배우기 시작하는 거니까 느린 건 당연한 거야. 기죽을 필요 하나도 없어."

아이의 기를 살려주기 위해 이렇게 말했지만, 내심 마음이 조급해졌다. 워킹맘들이 가장 조심해야 하는 지점이 바로 '조급함'이다. 조급해지면 말과 행동이 달리 나오기 때문이다. 말로는 "공부 안 해도 된다" "좋은 대학이 인생의 전부가 아니다"라고 하지만, 실제 행동은 거꾸로 하기 쉽다. 이율배반적인 말과 행동을 가장 빨리 눈치 채는 건 물론 자신의 자녀들이다. 더욱 위험한 건 죄책감과 조급함이 결합될 때다. '내가 워킹맘이기 때문에 우리 아이가 남들보다 부족하거나 뒤처진다'는 생각이 들 때가 가장 위험하다. 내가 그랬다. 말은 "기죽을 필요 없다"고 했지만, 행동을 거꾸로 했다.

"우리도 학습지 등록해서 연산 공부 해볼래? 놀리는 친구들한테 본때를 보여주자."

아이의 동의를 받은 후 학습지를 시작했다. 학습지 선생님은 두려움을 몇 배나 증폭시켰다. 그 선생님은 "목동의 또래 아이들보다 진도가 많이 늦었다"고 겁을 줬다. 하지만 곧 우리 집은 전쟁터가 됐다. 아직 학습습관이 제대로 잡혀 있지 않은 초등학교 1학년 아이에게 매일 3~4장의 학습지를 기계처럼 풀리는 건 고역이었다. 당시 방과 후 아이를 돌봐주는 돌보미 아줌마가 집에 있었음에도, 아이는 방과 후 학원 스케줄이 비는 시간 틈틈이 TV를 즐겨 봤다.

퇴근한 후 "학습지 숙제 다 했느냐"고 물어보면, 그제야 "까먹었다"고 했다. 일주일에 한 번씩 학습지 선생님이 오시기 전날이면 아이를 쥐 잡듯이 잡았다. 둘째 아이가 세 살이다 보니, 퇴근해도 차분히 앉아서 첫째 아이가 학습지를 푸는 걸 지켜볼 수 있는 여유가 없었다. 아이한테만 맡겨놓고 나중에 못하면 추궁하는 식이었다.

결국 아이와 내가 겪는 극한 신경전을 지켜본 남편은 "그렇게 싸울 거면 연산학습지 그만두라"고 했다. "엄마가 괜히 오버해서 아이 스트레스만 받게 한다. 시간이 지나면 연산은 자동적으로 하니까 제발 아이를 그만 괴롭히라"고 딸아이 편을 들었다. 그러면 더욱 열 받은 나는 목소리가 높아졌다.

"똑같이 일하면서 왜 당신은 바깥에서 할 일 다 하고 나만 이렇게 죽도록 일해야 해! 밖에서도 일, 집에서도 일이 끝이 없어. 퇴근하고 술 먹을 시간에 일찍 들어와서 애 공부 좀 봐주면 안 돼? 내가 얼마나 힘든 줄 알아? 큰애 공부 봐주려고 하면, 작은애가 와서 자기랑 놀아달라고 방해만 하고……. 몸은 천근만근인데 애들 저녁밥 먹이고, 설거지하고, 숙제 봐주고, 목욕 시키고, 재우고 나면 하루가 끝나. 밀린 일을 새벽에 해야 하는데, 내가 무슨 강철 무쇠 로봇이야? 왜 여자만 이렇게 불공평하게 살아야 하냐고!"

이쯤 되면 잔소리의 데시벨이 끝없이 올라가고, 집안 분위기가 살벌해진다. 괜히 자기 때문에 부모가 싸운다고 생각한 큰애는 우리 눈치를 보기 시작했다. 아이의 연산실력을 높여 자신감을 불러일으키려던 애초의 목적은 사라지고, 오히려 아이의 자신감은 더 줄어드는 것 같았다. 이런 과정을 몇 번 거친 후 제 풀에 지쳐 학습지를 끊었다. "영혼 없는 연산기계는 필요 없다"며 애써 마음을 달랬다. 대신 시중 서점에 나온 계산 책을 사서, 하루에 2장씩 푸는 것으로 부족한 연산을 대신하기로 했다. 하지만 '엄마표 학습'이 대부분 비슷하듯 처음에만 의욕적으로 진행됐을 뿐 점점 게을러지고 나중에는 슬금슬금 하지 않게 되었다.

수학 연산학습지, 아이와 싸우지 않고 하는 법

요즘은 6~7세부터 수학 연산학습지를 시작한다. 아직 연필도 제대로 못 잡는 아이에게 매주 20~30장씩 덧셈문제를 풀도록 하기란 쉽지 않다. 첫째 아이가 초등학교 1학년 때 "의미 없다"며 연산학습지를 끊었는데, 당시 학습지 선생님이 "고학년 때 다시 하는 집이 많다"고 걱정했다. 그때는 귓등으로 들었는데, 실제 고학년 때 다시 시작했다.

학습지의 목표는 '빠르고 정확한 연산습관이 배도록 하는 것'인데, 조건이 있다. 아이가 연산을 싫어하지 않도록 해야 한다. 워킹맘의 경우 전업주부와 달리 '매일 꾸준히 3장씩'이라는 목표를 달성하기가 거의 불가능하다. 괜히 스트레스 받지 말아야 한다. 일주일에 정해진 분량만 하면 된다! 아이와 엄마의 컨디션에 따라 2~3일에 한 번씩 몰아서 하거나, 주말에 많이 하고 주중에 적게 해도 된다. 단, 초등학교 저학년 때까지 "학습지 하라"고 혼자 내버려두면 안 된다. 집중력이 10~20분에 불과해, 금방 딴 짓을 한다. 혼자 하다가 질려하면 바로 엄마가 옆에 앉는 게 좋다. 휴대폰의 초시계로 "몇 분 만에 끝내나 한번 재보자"고 게임하듯 이끌거나, 반복되는 지루한 부분을 건너뛰고 재미있는 부분을 먼저 하도록 유도하는 게 좋다. 아예 학습지회사에서 학원처럼 운영하는 센터에 보낼 수도 있다. 일주일치 분량을 센터에서 다 풀고 오니, 워킹맘 엄마가 신경을 훨씬 덜 쓸 수 있다.

아이가 연산학습지 때문에 너무 스트레스 받는다면? 우선 엄마가 너무 몰아친 것은 아닌지 반성해야 한다. 그리고 선생님과 상의하여 학습지 숙제 양을 줄인다. 연산실력이 뒷받침되지 않으면, 고학년이나 중고등학교 때 문제풀이 마지막 단계에서 계산 실수로 틀리거나 시간부족 사태에 직면한다.

사실 그렇게까지 아이를 들들 볶지 않아도 되었을 텐데, 당시만 해도 '워킹맘이어도 아이를 잘 키울 수 있다'는 걸 보여주고 싶은 마음이 컸다. 최인철 서울대 심리학과 교수가 쓴 책《나를 바꾸는 심리학의 지혜, 프레임》에 보면 재미있는 대목이 나온다. 우리 사회를 가장 위험한 곳으로 생각할 것 같은 사람은 '이제 막 부모가 된 사람들'이라는 것이다. 갓난아이를 키우는 부모의 눈에는 모든 가구의 모서리가 흉기로 보이고, 유괴사건도 엄청나게 많이 발생하는 것처럼 느껴진다. 세상은 바뀌지 않았는데 그들이 그렇게 느끼는 이유는 무엇일까. 바로 아이들 안전이라는 부모의 '프레임'으로 세상을 바라보기 시작해서다.

워킹맘도 마찬가지이다. 아이가 학교 공부를 제대로 못 따라갈 수도 있고, 친구들과 다툴 수도 있으며, 장난을 심하게 칠 수도 있고, 건망증이 심해 준비물을 빼먹고 갈 수도 있다. 하지만 이 모든 문제가 생길 때마다 워킹맘들은 '워킹맘의 프레임'으로 사안을 바라본다. '내가 워킹맘이어서 아이한테 이런 일이 생겼다'고 왜곡된 프레임으로 사건을 바라보니, 과대 포장된 해석과 대처법이 나온다. 워킹맘의 프레임을 벗어버리고 나면 '아이가 크면서 그럴 수도 있다'고 넘길 수도 있는 일들을 예민하게 받아들인다.

주변의 워킹맘 중에도 이런 '완벽주의자'들이 많다. 아이를 낳고 직장생활을 계속 하면서 워낙 참고 견뎌야 하는 일이 많아 내공이 쌓인 건지, 아니면 원래 그런 성향의 여성들이 워킹맘이 되는 건지는 알 수 없지만, 의외로 '워킹맘 아이 같지 않게' 키우려는 엄마들

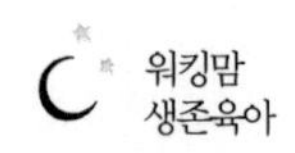

이 많다.

아들을 키우는 워킹맘 K 씨가 그랬다. 원래 딸을 둔 워킹맘보다 아들을 둔 워킹맘들의 걱정이 더 많다. 빠르면 초등학교 고학년부터 사춘기가 되면서 엄마와 사이가 서먹해진다는 '오랜 전설'이 있는데다 엄마가 없는 빈 집에 친구들을 초대해 무슨 짓을 벌일지 모른다는 걱정까지 더해져서일 것이다. 1학년 때부터 목동에서 가장 뛰어난 아이들만 간다는 영어학원을 매일 보내고, 또 사고력 수학학원까지 보냈다. 음악과 체육까지 스케줄을 꼼꼼하게 짜서 방과 후를 책임지는 돌보미 아줌마에게 스케줄 관리를 맡겼다. 퇴근 후에는 아이의 학원 숙제도 꼼꼼하게 봐줬고, 출근할 때면 그날 해야 할 일을 포스트잇에 적어서 붙여놓았다. 그 아들을 볼 때마다 부러워서 "어떻게 직장 다니면서 아이가 그렇게 빈틈이 없느냐"고 입이 마르게 칭찬을 했다.

하지만 오래 가지 못했다. 몇 년쯤 지난 어느 날 그 집에 놀러갔다가 전혀 다른 풍경을 목격하고 깜짝 놀랐다. 꽉 짜인 학원 스케줄에 지친 아들이 "학원 가기 싫다" "숙제하기 싫다"며 반항을 했고, 이 집 또한 우리 집처럼 한 학기 내내 전쟁터가 되었다고 한다. 결국 남편이 "학원 모두 끊으라"며 폭탄선언을 했고, 한바탕 난리 끝에 아이와 타협을 했다는 것이다. 모든 학원을 그만 다니고, 대신 일주일에 두 번, 수학문제집을 2장 정도만 풀기로 말이다.

마침 아이가 약속한 문제집을 푸는 시간이었다. 아이는 세상에서 가장 짜증난다는 표정으로 책상 한쪽에 머리를 박은 채 문제집을 풀고 있었다. 연필을 반복적으로 책상 위로 내리꽂았고, 간혹 연필이 책상 아래로 떨어지면 그걸 찾느라고 한참이 걸렸다. K 씨는 한숨을 내쉬며 "참아야지 어떡하겠느냐"고 했다.

그래도 이 집은 아이의 반항이 일찍 찾아와 다행인 경우다. 얼마 전 학교에서 학부모 초청 교육을 하기에 들으러 갔더니, 부모교육 관련 상담과 코칭 자격증만 17개를 땄다는 강사는 뼈아픈 자신의 이야기를 풀어놓았다.

"제가 교육학 전공이고, 교대를 수석 졸업한 초등학교 교사였어요. 퇴근하자마자 애들한테 뭐라고 한 줄 아세요? '낼 받아쓰기지? 자, 불러줄 테니 써봐. 1번~' '오늘 중간고사 봤지? 몇 점 나왔어?' 이런 식이었어요. 우리 애들은 전교 1등을 한 번도 놓쳐본 적이 없었어요. 그랬던 우리 아들이 고등학교 3학년 5월에 갑자기 자퇴한다 하더군요. 딸은 그해 10월 '오빠는 자퇴했는데 왜 나는 못 하냐'고 난리쳐서 그 애도 자퇴했어요. 둘이서 1년 내내 집에서 컴퓨터 게임만 하고, 잠만 잤어요. 제가 응급실에만 세 번 실려 가고, 교통사고로 수술도 두 번 했어요."

그녀는 스파르타식으로 아이들의 공부를 완벽하게 책임졌지만, 아이들이 무슨 생각을 하는지, 어떤 걸로 고민하는지에 대해서는 관

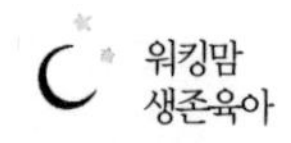

심조차 없었다고 한다. 아니, 관심을 쓸 여유가 없었다고 한다. 이후 '우리 애들이 왜 이러는지' 그 원인을 찾고자 부모교육을 듣게 됐고, 아이들에게 속죄하는 마음으로 전국을 돌면서 강의를 한다고 했다.

이뿐 아니다. 완벽주의자인 워킹맘 엄마 앞에서는 '완벽한 척' 하는 아이가 학교에서 친구들에게 정반대의 행동을 하는 경우도 있다. 친한 전업주부 엄마와 차를 마시다 뜻밖의 이야기를 들었다. 모범생처럼 보이는 Q 군이 반 친구들 사이에서 '자기만 아는 독불장군' 으로 인식되고 있다는 것이었다. Q 군은 1학년 때부터 워낙 '엄친아' 대열이었기에 놀라움이 컸다.

"선생님 앞에서의 태도와 선생님이 없을 때의 태도가 다르대요. 친구를 배려해주는 마음도 별로 없어서 애들이 안 좋아한대요. 엄마가 이걸 알려나 모르겠어요. 주변 엄마들이 어떻게 이 얘길 해주겠어요. 못 하지."

같은 처지의 워킹맘으로서 이런 얘기를 듣고 있자니, 또 가슴이 아팠다. 사실 "(문제를 일으킨) 그 애 엄마 일한다더라"는 것만큼 무서운 '낙인 효과' 가 없다. 하지만 실제 이런 낙인 효과는 분명히 존재한다. 겉으로는 드러나지 않지만, 은근히 드러나는 분위기가 있다. 이 때문에 워킹맘은 점점 더 완벽해지려고 무리하는 것이다. 하지만 세상 이치와 마찬가지로 여기에도 '풍선 효과' 가 있기 마련이다. 풍선의 한쪽을 누르면 다른 쪽이 불룩 튀어나오는 것처럼, 어떤 문제를 해결하기 위해 억압하면 다른 부분에서 새로운 문제가 생긴다. 성매매 문제를 해결하기 위해 집장촌을 단속했더니 주택가로 옮겨가 은밀한 성매매가 이뤄지고, 금융당국이 가계대출 급증을 막으려고 은행권을 압박하니 서민들이 제2금융권으로 몰려가는 것과 똑같다. 워킹맘의 아이라는 낙인 효과가 무서워 내 아이를 너무 압박하면, 아이는 언젠가는 반항하든지 아니면 이중적인 두 얼굴의 모습을 지니게 된다.

그렇게 전쟁 같았던 큰딸의 수학 연산은 2년 반이 지난 초등학교 4학년 때 자연스럽게 해결됐다. 초등학교 4학년이 되자 아이는 스스로 주변 친구들의 학원 정보를 들어보더니, "나도 공부를 좀 해야겠다"고 말했다. 주변 선배 엄마의 조언으로 몇 권의 학습저서를 읽어보니 공통적으로 나오는 이야기가 있었다. 기초가 필요한 초등수학의 기본은 '반복 연습'이라는 것이었다. 《엄마는 전략가》에 나오는 자동차 운전과 연산을 비교한 대목을 읽고 무릎을 쳤다.

"운전방법을 이해했다고 자동차를 운전할 수 있는 것이 아니다. 각각의 기능을 외우지 않으면 자신이 필요할 때 라디오를 켜기도 어렵다. 매번 사용설명서를 봐가면서 운전할 수는 없는 노릇이다. 그렇다면 자동차 기능을 다 외웠다고 운전을 할 수 있을까? 역시 아니다. 이처럼 반복적인 연습을 통해 익숙해지는 것만이 수학 점수를 높일 수 있는 최고의 방법이다."

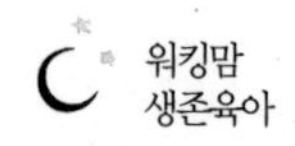

수영 선수도, 핸드볼 선수도, 축구 선수도 아침마다 달리기를 하듯이 '달리기'가 수학에서는 '연산'이라는 것이었다. '왜 단순 문제 풀이식 연산을 해야 하는지' 이유를 알게 됐다. 남편에게도 전문가들의 이야기를 논리적으로 설명하면서 "더 이상 반대 목소리를 내지 말라"고 협조를 구했다.

우리는 또다시 실패하지 않기 위해 전략을 짰다. 학습지 선생님이 집으로 오는 대신, 아예 딸아이가 학습지 러닝센터로 가기로 했다. 다행히 집에서 걸어서 5분이면 도착하는 곳에 러닝센터가 있었다. 어차피 엄마가 숙제를 봐주기도 어려우니 아예 1시간 정도 러닝센터에 가서 숙제를 다 한 후 선생님께 점검을 받도록 했다. 학습지 선생님의 칭찬과 격려까지 이어지면서, 아이는 1년 넘게 신나게 다니고 있다. 자신감을 과다 분출한 큰딸의 말이 걸작이다.

"엄마, 난 역시 자기주도형 학습이 체질에 맞는 것 같아. 그치?"

다섯 번을 옮겨 다닌 영어학원

"어머님, 아이가 외국에서 산 경험이 있어서 영어 노출은 잘 돼 있어요. 다만 영어 교재를 소리 내서 읽는 숙제를 철저히 따라 하지 않아서인지, 수업시간에 오히려 그걸로 퀴즈를 내면 다른 아이들에 비해 많이 틀려요. 영어 에세이는 일주일에 한 편씩 꼭 써와야 하고, 영자신문을 요약하는 과제도 빼먹지 않고 하도록 집에서 잘 지도해 주세요."

큰딸이 매일 다닌 '방과 후 영어' 수업을 전담하는 한국인 담임교사의 말이었다. 담임교사와 전화 상담을 하면서 여지없이 고개를 숙이고 말았다.

'헉, 숙제를 잘 안 해갔단 말이야.'

갑자기 급한 마음에 전화통을 붙들고 하소연에 들어갔다.

"선생님, 그런데 아이 영어가 좀체 늘지 않는 것 같아요. 엄마들이 '방과 후 영어'만 해서는 안 된다고 해요. 영어책을 읽는 학원을 하나 더 보내야 한다고 하는데요. 그게 나을까요? 몇 달 전에 '매직 트리 하우스magic tree house' 시리즈를 사줬는데, 단어 수준이 좀 높은지 읽기를 어려워해서요. 그건 포기하고, 다시 '네이트 더 그레이트nate the great' 시리즈를 사줬어요. 이 책은 쉽게 읽기는 하지만 혼자서 읽으라고 하니까 제대로 읽은 건지, 아닌지 체크가 안 돼요. 제가 매번 붙어 있기도 힘들고요." ('매직 트리 하우스'와 '네이트 더 그레이트'는 영어공부를 하는 아이들이라면 꼭 읽는다는 필독서 전집 중 하나다.)

영어 교재 선택 노하우

스테디셀러인 《잠수네 아이들의 소문난 영어공부법》은 꼭 읽어보길 추천한다. 다른 엄마들이 어떻게 영어공부를 시켰는지에 대한 길잡이 역할을 해준다. 요즘은 빠르면 초등학교 고학년, 늦으면 중학교부터 내신과 문법 중심의 정통 영어학원에 간다. 이 때문에 초등학교 6년 동안 꾸준히 영어책을 읽혀, 스스로 단행본을 읽을 수 있는 '자립'의 단계까지 가는 게 좋다.

워킹맘은 영어 단행본을 일일이 골라주기 힘들다. 때문에 '시리즈' 전집을 선택하는 게 좋다. 스스로 읽을 수 있기 전, 유아 단계의 영어 그림책은《에릭칼Eric Carle》이나《닥터 수스Dr.Seuss》등을 비롯해 종류가 너무 많다. 대부분 단행본이라 일일이 사는 것보다 도서관, 중고교재 사이트, 영어책 대여 사이트 등을 이용하는 게 좋다.

혼자서 읽기 시작하면 '런 투 리드Learn to Read' '아이 캔 리드An I Can Read' '리드 잇 유어셀프Read It Yourself'와 같이, 글자가 크고 얇은 책을 골라 읽히면 된다.

가장 어려운 단계가 이 다음이다. 챕터북은 수준별로 시리즈가 많다. 아이가 모험을 좋아하는지, 공주 이야기를 좋아하는지 등 성향에 따라 좋아하는 책이 다르니, 이에 맞춰서 읽혀주면 좋다. 첫째 딸의 경우 '프로기Froggy' '베레스티안 베어즈Berenstain Bears' '옥스퍼드 리딩트리Oxford Reading Tree' '네이트 더 그레이트Nate the Great' '매직 트리 하우스Magic Tree House' 등 개구쟁이의 모험이나 탐정, 탐험 같은 시리즈물을 좋아했다. 이 단계가 지나고 어휘실력이 높아지면,《해리포터》나《나니아 연대기》와 같은 영어 단행본도 읽을 수 있는 단계가 된다.

방과 후 영어 선생님은 "일단 영어 과제만이라도 충실히 해오는 게 중요하고, 정 보충을 시키고 싶다면 영자신문 사이트를 알려드릴게요"라며 "이제 곧 고학년이니까 픽션fiction보다는 논픽션Non-fiction을 많이 접하는 게 도움이 될 것"이라고 말했다. 연신 "고맙습니다"를 반복한 후 전화를 끊었다. 그날 밤 잠자리에 눕자, '영어학원 찾아 삼만리'를 해온 지난날이 주마등처럼 지나갔다.

2년 동안 미국에서 살다 왔다고 하면 사람들은 대부분 이렇게 말한다.

"어머, 부럽다. 아이 영어 하나만은 걱정 없겠네."

그러면 애써 설명하기도 힘들어 그냥 말없이 웃는다. 속으로는 이렇게 말한다.

'좌충우돌하다가 영어 실력이 점점 거꾸로 갔어요.'

귀국할 때 일곱 살이던 큰딸은 미국인처럼 영어를 잘했다. 지하철을 타도, 기차를 타도, 길을 지나갈 때도 사람들이 우리를 힐끔힐끔 쳐다봤다. 한국 아이가 영어로 조잘대는 게 신기한 모양이었다. ABC도 몰랐던 아이는 귀국할 즈음 "엄마 발음이 좀 이상해요"라며 내 영어 발음을 교정해주기도 했다. 하와이행 비행기 안에서 바로 옆 좌석에 앉은 미국인 할아버지와 1시간 넘게 장난도 치고 이런저런 대화를 나눌 정도였다.

문제는 귀국 이후였다. 1년 먼저 귀국한 초등학교 교사 출신인 한 엄마는 이렇게 충고했다.

"영어유치원에 보내면 절대 안 돼요. 영어유치원은 소수정예이기 때문에 선생님이 애들에 대한 개별 케어가 잘 되잖아요. 하지만 초등학교에 들어가는 순간, 영어유치원 출신 애들이 일반유치원 출신 애들보다 훨씬 경쟁력이 떨어져요. '온실 속의 화초' 처럼 자란 아이들이 치열한 광야에 나오는 순간 적응을 잘 못하는 거죠. 그래서 저도 우리 애를 일반유치원에 보냈어요."

100만 원이 넘는 영어유치원 비용을 감당할 수도 없거니와 일단 한국에 적응하는 게 최대 급선무였기 때문에 그 말을 따랐다. 하지만 이듬해 초등학교에 입학하자 슬슬 영어가 불안해졌다. 딸아이는 '빛의 속도' 로 영어를 잊어버리기 시작했다. 엄마들 모임에 갈 때마다 "아이 영어학원을 어디 보내느냐"는 게 화제였다. '좋은 학원에 다닌다고 내 아이의 좋은 성적이 보장되는 건 아니다' 는 걸 이제는 체감하지만, 당시 초등학교 1학년 엄마들끼리 옹기종기 모여 있을 땐 그렇지 못했다. 아이의 대입 결과가 마치 엄마의 성적표인 양 비춰지듯이, 영어학원 레벨이 마치 엄마의 레벨인 양 느껴지는 분위기였다. 초보 엄마가 그 모든 걸 초연히 버티기란 힘들었다.

좌충우돌 역사가 시작됐다. 영어학원을 물어볼 때마다 주변 엄마들은 "왜 걱정이야. 자기 정도면 P학원을 보내면 되지. 거긴 외국에서 살다 온 학생들을 위한 '리터니 클래스Returnee Class'라 불리는 귀국학생반도 있잖아"라고 했다. "내 아이가 그 학원 가방 든 것만 봐도 어깨에 힘이 들어간다"는 우스갯소리가 있는 영어학원이었다. 레벨 테스트를 받기 위해 학원에 예약을 했다. 테스트 비용만 3만 원이었다.

"어머님, 귀국학생반은 미국 정규 교육과정인 킨더가든Kindergarden(우리나라로 치면 유치원)을 적어도 1년 이상 다녀야 해요. 이 학생은 프리스쿨만 다녔기 때문에 귀국학생반에는 들어가지 못할 것 같네요. 국내에서 영어유치원을 다닌 아이들과 함께 수업하는 반에 다니면 될 것 같아요. 저희 학원에는 외국에서 살다 온 애들이 워낙 많은데요, 사실 수업해보면 국내에서 차분히 배운 애들보다 외국 다녀온 애들이 더 못하는 경우가 많아요. 영어의 네 가지 영역 중에서 스피킹Speaking(말하기)이나 리스닝Listening(듣기)은 더 잘할지 몰라도 리딩Reading(독해)이나 라이팅Writing(쓰기)은 오히려 국내파가 더 낫습니다."

오 마이 갓! 콧대 높은 학원 원장과의 상담에 자존심이 팍 상했다. 집에 돌아와서 남편한테 그 학원 원장 욕을 실컷 했다.

"아니 외국 사람이랑 의사소통 잘하려고 영어 배우는 거지, 뭐 영어시험 잘 보려고 영어 배우나? 하긴 이 학원 레벨테스트 잘 받으려고 따로 과외까지 하는 엄마가 있다는 걸 보니, 원장님 콧대가 높아질 수밖에 없겠어. 참, 세상이 어떻게 돌아가려고 하는지 원."

큰딸은 학원 레벨 중에서 최상위반에 배정됐다. 월 25만 원인 학원비에다 미국 초등학생들이 본다는 미국교과서, 쓰기 노트 등 교재와 통학버스비까지 내고 나니 첫 달에만 40만 원이 넘는 돈이 들었다. 헉 소리가 나왔다. 하지만 남들은 다 부러워하는 그 학원을 일주일도 채 다니지 못하고, 환불도 제대로 받지 못한 채 눈물의 이별을 해야 했다. 딸이 영어학원에 간 첫날, 공교롭게도 내 해외출장이 잡혀 있었다. 남편과 돌보미 아줌마에게 뒷일을 부탁하고 갔는데, 국제전화로 들려오는 남편의 이야기에 억장이 무너졌다.

"애가 학원 못 다니겠다고 울고 불면서 매달려서, 그냥 그만두게 했어. 원어민 선생님은 좋은데, 한국인 선생님이 너무 무섭대. 숙제도 너무 많아서 뭐가 뭔지 수업을 따라갈 수가 없대."

출장에서 돌아와보니 아빠와 딸은 아무 일 없다는 듯 낄낄거리며 웃고 있었다.

'아무래도 너무 큰 학원은 좀 어렵겠어. 소규모로 수업하는 학원에 보내야 아이한테 맞는 맞춤형 수업이 되겠지?'

마침 걸어서 5분 거리에 H학원이 눈에 띄었다. 퇴근 후 아이 손을 붙잡고 학원을 찾았다. 4~5명이 한 교실에서 공부하고, 동영상도 보면서 재밌게 영어를 배우는 소규모 학습 시스템이었다. 교재는 '옥스퍼드 리딩 트리Oxford Reading Tree(줄여서 ORT라고 불림)' 라는 영국 옥

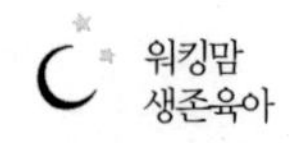

스퍼드대 출판부에서 나오는 교재로, 이 또한 '국민영어교재' 로 불리는 것이었다. 일주일에 이틀, 딸은 즐겁게 영어학원을 다녔다. 하지만 몇 달 지나지 않아 문제가 생겼다. 딸의 영어 실력이 들쭉날쭉이라 레벨에 맞는 반을 고르기가 너무 어려워진 것이다.

"영어 듣기와 말하기는 초등학교 3~4학년 수준으로 빠른 데 반해, 쓰기는 초등학교 1학년보다 더 못해요. 초등학교 3~4학년 반으로 들어가자니 쓰기 때문에 아이가 스트레스를 받을 것 같고, 그렇다고 쓰기 실력으로 반을 배정하기도 어렵고요."

쓰기 연습을 하는 순간 창의력이 떨어진다고 생각하는 미국은 쓰기를 최대한 늦게 가르친다. 귀국 당시 영어책을 '리딩 레벨 3단계' 까지 줄줄 읽어갈 정도로 또래 미국 애들보다 빨랐던 아이는 정작 알파벳도 잘 쓰지 못했다. 크레파스나 색연필로 알파벳 쓰는 연습을 한 게 전부였다. 알파벳을 쓰는 순서도 우리나라와 미국이 다르다. 우리는 f나 r을 위에서 아래로 쓰지만, 미국에서는 f나 r을 아래에서 위로 쓴다. 생활 속 언어로 영어를 체득한 아이에게 갑자기 한국식 입시 영어가 투입되자, 조금씩 삐걱거리는 조짐이 보이기 시작했다.

주변에 고민을 상담하자 여기저기서 조언이 쏟아졌다. 큰아이가 중고등학생이라 목동의 학원 정보를 꿰고 있는 선배 엄마들의 이야기에 귀가 솔깃해졌다.

"아무래도 저학년 아이들에게는 대형학원이 좋아. 시스템이 잘 갖춰져 있어서, 학원에서 시키는 대로만 잘 따라가면 엄마가 크게 신경 쓰지 않아도 되거든. P학원 다음으로 아이들이 많이 다니는 대형학원이 S학원이니까 거기 상담을 받아봐."

아이와 나는 레벨테스트를 받기 위해 S학원으로 또 직행했다. S학원에서 상담을 받기 전 나눠준 종이에 아이에 대한 정보를 적어야 했는데 재미있는 항목이 있었다. "직전에 무슨 학원을 다녔느냐"라는 항목이었다. 아이가 다녔던 H학원 이름을 적었더니, 상담원은 "이 학원은 어디에 있죠?"라고 되물었다. 큰 죄를 지은 것도 아닌데 괜히 창피해져 목소리가 작아졌다. 속으로는 또 한마디했다.

'아니, 내가 내 돈 주고 다니는 학원들이 이 모양이야. 왜 이렇게 학원끼리 줄 세우기 하고 있어! 괜히 엄마들 허영심만 부추기는 나쁜 학원들 같으니라고!'

테스트 결과 국내에서 영어유치원을 1년 동안 다닌 아이들과 같은 수준이라고 나왔다. 아이는 이 학원을 8개월 남짓 다녔는데, 결과적으로 보면 영어 실력을 현상 유지한 정도의 효과밖에 없었다. 그 이유는 바로 '엄마의 손길'이 없었기 때문이다. '20만 원이 넘는 돈을 들여 영어학원에 보내면, 학원에서 다 알아서 해줘야 하는 것 아니냐'며 방치해뒀다. 영영사전을 체크해서 영어 단어의 뜻을 정리하거나, 집에서 책 본문을 CD로 챙겨 들어야 하는 등 몇몇 숙제가 있

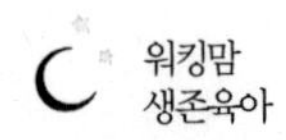

었지만, 아이에게 "알아서 하라"고 맡겨뒀다. 퇴근 후 파김치가 된 몸을 이끌고 영어 숙제까지 봐줄 강인한 '독종 엄마'의 DNA가 부족하기도 했다. "태권도를 많이 해서 그런지 졸리다"고 하면 "일찍 자라"고 했고, 일기쓰기 숙제가 있는 날이면 일기를 쓰느라고 30분이 훌쩍 지나가다 보니 어영부영 잠잘 시간이 돌아왔다.

"우리 아이는 혼자서 자기주도 학습으로 공부했어요"라거나 "아이 스스로 책읽기를 좋아해서 저는 책 사주기만 바빴죠(호호호)"라며 언론에 등장하는 일부 극소수의 복 받은 엄마들 말을 믿어서는 안 되는 것이었다. 학습 습관을 잡아야 하는 초등 저학년 때는 아이 곁에서 숙제를 하도록 지켜보고, 도와주며, 격려해줘야 하는 '엄마표 교육'이 반드시 필요하다는 걸 뒤늦게 깨달았다. 이후 S학원 전체 학생들을 대상으로 하는 테스트 결과, 딸아이의 실력은 '보통'이었다.

'아니 영어학원을 안 다닌 것도 아닌데, 어떻게 보통이 될 수 있단 말인가.'

충격을 받았지만, 회사 일이 바쁘다 보니 또 금방 잊어버렸다. 지금 생각해보면 아이의 상황을 잘 파악한 후 아이가 원하는 식의 영어공부를 뒷받침해줬으면 좋았을 텐데 당시에는 정보도 없고 노하우도 부족하다 보니 마음만 급했다. 그때 마침 이웃 동네에 사는 직장 선배가 목동으로 이사를 와서 함께 차를 마시다 "영어 수업을 같이 듣자"는 권유를 받게 됐다. 그녀의 딸아이는 우리 아이와 같은 초등학교 2학년이었다. 영어학원에서 오래 가르친 경험이 있는 선생님이 아파트에서 아이들을 그룹으로 가르친다고 했다. 비용도 1인당 15만 원이라 학원보다 저렴했다. 과감히 학원을 그만두고 이 그룹에 합류했다. '선생님께 소수정예로 배우면 더 낫겠지' 싶었다.

10개월 가까이 그룹 수업을 받는 이 기간에 딸아이는 하나를 얻고, 하나를 잃었다. 영어에 대한 흥미를 완전히 잃어버린 대신, 영어 알파벳 쓰기의 기초를 익혔다. 선생님은 고학년식 수업에 익숙해서 인지 이틀에 한 번씩 영어단어 30개를 외워 와서 테스트하는 무자비한(?) 방식으로 수업을 진행했다. 단어 수준도 높아서 딸아이는 단어의 한글 뜻조차도 이해하지 못하는 경우도 많았다. 게다가 집에서 반드시 읽어오라는 영자신문의 수준은 미국에서 대학원을 졸업한 남편이 봐도 헷갈릴 정도였다.

문제는 그 직장 선배의 딸아이는 유치원 때부터 영어학원을 착실히 다녀서인지, 영어단어 테스트를 매번 한두 개 틀리거나 만점을 받는다는 것이었다. 초반에 매번 '0점'을 맞는 딸아이는 "재미없다" "그만두고 싶다"고 졸랐지만, 그룹 3명 중 딸아이가 빠지면 대체할 인물이 없다 보니 빠질 수가 없었다. 다행히 그해 가을에 이 그룹에 합류하겠다는 다른 아이가 있어 우리는 가벼운 마음으로 그룹을 떠

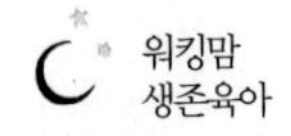

났다.

사실 '사교육 일번지' 중 하나인 목동은 학원이 정말 많다. '골라 가는 재미가 있다' 고 할 정도다. 제대로 하지 못하면 엄마들 사이에서 소문이 금방 퍼지기 때문에 버텨내기 힘들다. 엄마들 중 일부는 "어느 학원이 잘 가르친다더라"고 하면 금방 학원을 바꾸기도 한다. 하지만 목동에 있는 영어학원과 그룹 과외 등 웬만한 영어 학습방법을 다 거친 결과, 학원 수준은 모두 비슷비슷했다. 오히려 너무 자주 옮기지 않는 게 아이에게 더 좋은 것 같다. 왜냐하면 학원마다 모두 각자의 교육방법과 숙제 시스템이 있기 때문에, 아이가 학원을 바꿀 때마다 매번 새로운 시스템에 적응하는 게 힘들기 때문이다.

이뿐만 아니다. 아무리 좋은 학원이라도 엄마들의 극성 교육열이 더해지고 수강생 수가 늘어나는 순간 변질돼버린다. 3학년 때 우리가 안착한 K영어학원이 그랬다. 스파르타식 수업에 지쳐서인지 우리는 정반대의 학원을 찾았다. 숙제와 쓰기 같은 영어 숙제 부담 없이 영어 공부를 즐겁게 할 수 있는 곳 말이다.

당시 K영어학원은 목동에서 열풍에 가까울 정도로 유행이었다. 멀리 수원에서도 이 학원을 찾아오는 열성 엄마가 있을 정도였다. 영어를 큰소리로 반복해서 따라 읽는 것을 강조한 학원이었다. 퇴근 후 저녁 늦게 상담을 받은 후 무릎을 쳤다. '아~ 이것이구나!' 하고.

아이가 집에서 하는 숙제란 영어 책을 읽는 녹음 숙제뿐이었다. 아이는 방문을 닫고 난생 처음 혼자서 큰소리로 열 번 넘게 영어 책을 따라 읽으며 녹음을 반복했다. 집에 와서 한마디씩 영어를 내뱉은 것은 귀국 이후 그때가 처음이었다.

"Mom, If YJ(동생의 이니셜) sleeps, then come out. OK?"(동생을 재우고 나면, 꼭 밖으로 나와서 자기 곁에 있어달라는 요청이었다. 큰아이는 동생을 따돌리고 나와 비밀 이야기를 할 땐 이렇게 영어를 썼다.)

하지만 초기의 뜨거운 열정은 몇 개월 지나면서 식어갔다. 학생들이 늘어나고, 엄마들의 요구가 많아지면서 이 학원도 초심을 잃은 모양이었다. 열 번만 해도 되던 녹음 숙제가 서른 번으로 늘어나고, 전에 없던 단어 테스트까지 생겨나는 등 '목동식 학원'으로 변해갔다. 원래 초등학교 6학년 때까지 '이젠 이 학원만 계속 다녀야지' 하고 굳게 결심했지만, 강도가 심해지자 우리는 결국 학원을 그만뒀다.

그리고 여름방학 2개월 내내 신나게 놀다가, 3학년 2학기부터 방과 후 영어 프로그램에 안착했다. 꽤 이름난 영어학원에서 진행하는 방과 후 프로그램이라 시스템이 좋았다. 그리고 1년 반, 우리는 이 학원에 완벽히 적응했다. 주변 엄마들한테 "방과 후 영어 보낸다"고 하면 깜짝 놀랐다. 목동에서 방과 후 영어를 하는 엄마들은 간 큰 엄마로 비춰지기 때문이다. 하지만 득도의 과정을 거친 이후여서인지 그런 반응에 꿈쩍도 하지 않았다. 속으로 '마이 웨이My Way'를 외쳤다.

방과 후 영어수업에서 자신감과 즐거움을 회복한 딸은 디즈니채널에서 영어 프로그램을 즐겨 보고, 〈겨울왕국Frozen〉 영어 가사를 프린트해서 외워서 노래를 불러보기도 했다. 아이는 최근 영어독서를 집중적으로 하는 학원에 다니고 있는데, "매일 가고 싶다"고 조를 만큼 좋아한다. 영어엔 정답도 없고, 왕도도 없다. 지치지 않고 재미있게 영어와 친구가 되는 법을 찾아야 할 뿐!

엄마라면
마인드 컨트롤

"어머님, 애가 너무 느려요. 느려도 보통 느린 게 아니에요. 밥도 늘 맨 꼴찌로 먹고요. 수업시간에 쓰기를 시키면, 또래보다 10~15분은 느린 것 같아요. 쉬는 시간까지 더 주는데도 다 못 끝내는 경우가 있어요."

큰딸의 초등학교 2학년 담임선생님과 나눈 상담에서 충격적인 이야기를 들었다. 나의 첫마디는 이것이었다.

"선생님, 우리 애가 그럴 리가 없어요."

드라마에서나 나오는 말이라고만 생각했지, 직접 이런 말을 하리

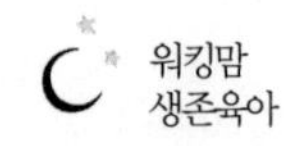

라고는 생각지 못했다. 그리고 따발총처럼 말을 이어갔다.

"저도 성격이 정말 급하고요, 남편도 무척 빠릿빠릿한 성격이에요. 어떻게 우리 애가 느릴 수가 있을까요."

선생님은 웃으며 "아이는 부모와 다르며, 아이가 느린 걸 인정해야 한다"고 말씀하셨다. 너무 속상해서 눈물이 쏟아져 나왔다. 선생님 앞에서 울면서 "이게 다 못난 부모 탓"이라며 한탄을 했다.

"아이가 한창 글을 배우는 나이인 다섯 살에 미국에만 가지 않았어도, 아니 미국에서도 한국어 읽기와 쓰기를 착실히 시켰어도, 아니 귀국한 후 제가 직장에 나가지 않고 아이 공부만 착실히 챙겼어도 이런 일은 없었을 텐데요. 다 제 탓이에요."

선생님은 "크면 좋아지니까 너무 조급해하지 마세요"라고 격려해줬지만, 위로가 되지 않았다. 사실 유치원이나 초등학교 1학년 때에도 아이는 좀 느리고 어눌했지만, '미국에서 살다 왔으니까' 라며 열외로 치는 분위기였다. 하지만 초등학교 2학년이 되자 상황이 변했다. 마치 대통령 취임 이후 언론과의 허니문 기간이 사라지고 나면 비판기사들이 쏟아지듯, '미국 살다 온 아이' 라는 딱지가 떨어지고 나니 '느린 아이' 라는 딱지가 덜렁 붙었다.

그때부터였다. 서점이나 도서관에 갈 때마다 육아방법에 관한 책에 눈길이 갔다. 어떤 책에서는 "아이가 느린 이유는 엄마가 너무 스파르타식으로 지시하는 성향이기 때문"이라고 했고, 또 어떤 책에서는 "아이마다 성장하는 속도가 다르기 때문에 느린 게 문제되지는 않는다"고 했다. 느린 아이의 습관을 고치기 위해서는 과제를 명확히 내주고 그때그때 확인하는 과정을 거쳐야 한다고 조언해주는 책도 있었다. 아무래도 초등학교 교사생활을 오래 해온 셋째 언니가 경험이 많을 것 같아 SOS를 쳤다.

"내가 맡는 반에도 해마다 그렇게 느린 애들이 꼭 한두 명씩 있어. 애들이 초등학교 고학년이 되면 자연스럽게 좋아지는 경우가 많아. 근데 문제는 그 몇 년 동안 아이가 너무 위축된다는 거야. 반 전체에서 느린 아이로 낙인 찍히면, 아이가 정서적으로 상처를 받을 가능성이 높아. 앞으로 모둠활동도 많을 텐데, 반 아이들이 느리다고 구박하거나 같은 모둠이 되기를 기피하면 어떡하니?"

이 말을 듣고 있자니 또 한숨이 나왔다. '어떻게 나한테 이런 시련이 있을 수 있나!' 싶었다. "세상에서 자기 마음대로 할 수 없는 일이 자식에 관한 일이야. 마음이 조급해져 자꾸 혼내면 아이가 더 위축될 수 있으니까 길게 봐야 해"라는 언니의 위로도 귓전으로 스쳐지나갔다. 속상해서 잠이 오지 않았다.

그때부터 아이의 모든 행동이 문제 행동으로 보였다. 밥을 먹는 습관부터 눈에 거슬렸다. 젓가락질도 느렸고, 밥과 반찬을 입 안에 넣고 난 후 너무 오랫동안 우물거렸으며, 식탁에서 동생과 장난을 치거나 엄마한테 이런저런 얘기를 하느라 밥 먹는 게 '하세월'이었

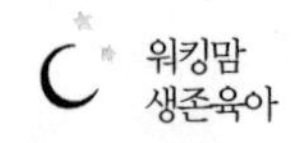

다. "빨리 먹으라"는 잔소리가 식사 때마다 단골메뉴로 등장했다. 20분 안에 밥을 다 먹기로 약속하고 알람을 식탁에 두기도 해봤고, 몇 차례 참다 화가 쌓이면 본때를 보여주느라 아이의 밥그릇을 뺏어 버리기도 했다. 하지만 잠시뿐이었다. 곧 다시 예전 습관으로 되돌아갔다.

느린 건 밥 먹는 습관뿐만이 아니었다. 학교에도 지각하기 일쑤였고 준비물을 빼먹는 일도 다반사였다. 회사에서 탄력근무를 인정해줘서, 두 아이를 학교와 어린이집에 보낸 후 출근했는데 아침마다 전쟁이었다.

한번은 출근하려는데, 식탁 아래에 책가방이 보였다. 밥을 느리게 먹다 보니 늘 시간에 쫓겨 허둥지둥 뛰다시피 집을 나섰는데, 이날은 신발주머니만 챙기고 아예 책가방을 집에 두고 간 것이었다. 화가 났지만 곧 돌아오리라 생각하고 5분 남짓 기다렸다. 하지만 8시 40분이 넘도록 감감무소식이었다. 그 시각이면 9시 수업을 준비하느라 모두 자리에 앉을 시간이기 때문에 책가방이 없어진 걸 알아챘을 것이다. 씩씩거리며 학교로 뛰어갔다. 마음 같아서는 '오늘 하루 종일 고생 좀 해봐라' 하고 싶었지만, 또 마음이 약해졌다. 조심스럽게 아이 교실을 슬쩍 쳐다보는데 선생님과 딱 눈이 마주쳤다.

"안 그래도 한바탕 난리가 났었어요. 아이가 분명히 학교에 책가방을 들고 온 것 같다는 거예요. 학교 현관에서 실내화로 갈아 신을 때까지는 책가방이 있었는데, 그 이후 없어졌다니까 황당하죠. 교실을 다 뒤져도 없어서 교무실에 가서 교내 방송을 해야 하나 생각하고 있었어요."

너무 창피해서 어디론가 숨어버리고 싶었다. 이후에도 아이의 건망증 퍼레이드는 날이 갈수록 심해졌다. 실내화 주머니나 외투를 놀이터 주변 벤치에 놓고 오기, 선생님이 칠판에 적어주신 알림장 깜빡 하고 안 따라 적기, 준비물 미리미리 말 안 해서 아침에 허겁지겁 문방구 가기, 책가방 정리정돈 안 해서 잡동사니 가득 채워놓기 등 이루 말할 수 없었다. 필통 안을 들여다보면 화가 부글부글 끓어올랐다. 연필 3개의 심이 모두 다 부러져 있거나 닳아 있음에도 학교에 가기 전 연필을 제대로 깎는 법이 없었다. 입만 열면 잔소리가 터져 나왔다. 2주에 한 번씩 신문기사를 마감해야 할 때면 신경이 예민해져서 목소리가 더 커졌다. "왜 이렇게 야무지지 못 하니?" 하고. 어느덧 아이는 엄마가 화를 낼 때마다 얼어붙은 채 입을 닫았으며, 가끔씩 아이가 미워지는 나 자신을 보고 흠칫 놀랐다.

변화가 필요했지만 어디서부터 어떻게 시작해야 할지 몰랐다. 주변에 도움을 청할 곳도 마땅치 않았다. 이때부터였다. EBS 〈달라졌어요〉 프로그램을 한 번도 빼놓지 않고 보기 시작했다. 우연히 TV를 보다 이 프로그램을 알게 됐는데, 갈등을 겪고 있는 수많은 가족들의 사연과 전문가 상담이 나왔고 문제 해결을 해나가는 과정이 그려졌다. 이 프로그램을 보면서 울기도 하고 많이 배우기도 했다. 적어도 자녀 문제로 고통과 갈등을 겪는 가족이 나뿐만 아니라는 걸 아는 것은 정서적 지지가 됐다.

또 한 가지 크게 깨달은 점은 '아이의 문제 행동 뒤에는 반드시 문제 부모가 있다'는 것이었다. 아이를 탓하기 전에 부모가 먼저 바뀌어야 했다. 예를 들면 내가 흔히 하는 실수에 대해 전문가들은 이렇게 말했다.

"자녀의 문제행동이 발생하면 문제행동만을 지적해야 하는데, 대개의 부모들은 '너 또 왜 그러니' '넌 도대체 어떻게 된 애가 만날 그 모양이니'라는 식으로 혼을 냅니다. 문제행동이 아닌 자녀의 인격 전체를 부정하는 것이죠. 이렇게 혼을 내면, 문제행동은 고쳐지지 않고 아이한테 감정적인 상처만 주게 됩니다."

돌이켜보니 정말 내 탓이 컸다. "일과 가정의 균형을 이루겠다"고 말만 했을 뿐, 삶의 우선순위에서 늘 일이 먼저였다. 출근시간까지 늦춰가며 아이들 아침 등교를 맡았지만, 물리적인 몸만 곁에 있었을 뿐 등교 준비에 거의 도움을 주지 못했다. 서둘러 아이들 밥만 차려주고, 그 사이 화장을 하고 옷을 갈아입었다. 2주마다 한 번씩 돌아오는 마감 때면 새벽부터 기자들의 원고를 수정하느라 아침밥도 대충 차려놓고, "빨리 밥 먹으라"고 한 채 책상에서 일을 했다. 아이 둘이 알아서 밥을 먹도록 방치한 것이었다.

한번은 딸아이와 친하게 지내는 친구 J 양의 엄마와 차를 마신 적이 있었는데, 그녀의 충고가 뼈아팠다. J 양은 시험만 보면 모든 과목에서 100점을 받았고, 숙제나 준비물도 빼먹는 법이 없는 전형적인 모범생이었다. 그 엄마는 둘째 아이인 J 양의 양육 때문에 워킹맘을 포기하고 전업주부가 된 지 10년 남짓 됐다고 했다. "아이가 어떻게 그렇게 야무질 수 있느냐"고 물었더니, 그녀는 이렇게 말했다.

"혹시 아침을 아이들만 먹게 하세요? 흔히 일하는 엄마들이 애들한테 밥 먹으라고 하고 자신들은 화장하고 출근 준비하잖아요. 그렇게 하지 말고, 새벽에 일찍 일어나서 준비를 끝내놓고 밥은 안 먹더라도 아이들과 함께 밥상에 앉아 계세요. 커피 한잔이라도 들고 옆에 같이 계세요. 오늘 학교 과목이 뭔지 물어보고 준비물도 한 번 더 챙기고요."

그 엄마의 말대로 아침 준비 패턴을 바꿨다. 새벽부터 일어나 신문을 보거나 혹은 밀린 일을 처리하느라 아침밥을 8시 가까이 돼서야 차려주는 습관부터 고쳤다. 아이들을 7시쯤 깨워 7시 30분이면 밥을 먹기 시작하도록 했고, 식탁에 앉아 밥과 반찬을 골고루 먹도록 도왔고, 8시 5분~10분 사이에는 집을 나가도록 신발주머니나 준비물 챙기는 걸 옆에서 거들었다.

몇 달이 지나자 아이의 건망증이 나아지기 시작했다. 그래도 여전

히 "엄마~ 안경" "엄마~ 신발주머니" 하고 하나씩 빼먹기는 하지만, 적어도 그걸 바라보는 내 마음이 편해지자 아이한테 화를 내지 않았다. 생각해보면 나도 출근할 때 가끔 휴대폰을 놓고 와서 다시 집으로 가기도 하고, 꼭 챙겨야 할 서류를 두고 올 때도 있었다. 괜히 아이한테만 완벽한 모습을 강요했음을 알고 나니 좀 너그러운 엄마가 됐다. 아침시간에 평화가 찾아왔다.

셋째 언니의 충고대로 운동도 시켰다. 아무래도 운동을 하다 보면 선생님의 지시에 따르는 훈련을 하게 되고, 팀워크도 배우게 되고, 또 발육도 빨라져서 자연스럽게 느린 습관을 교정해주는 효과가 있다고 했다. 태권도 학원에 등록한 후 2년 반 넘게 꾸준히 다니면서, 아이의 자신감 또한 몰라보게 좋아졌다.

산만한 공부 습관이나 느린 글쓰기도 알고 보니 다 이유가 있었다. 공부하려고 책상에 앉으면 거실에서 엄마와 동생이 까불며 장난치는 소리가 들리니 자연스레 집중력이 흐트러지는 것이었다. 또 알고 보니 손과 발에 땀이 과다 분출되는 체질이라 글씨를 쓸 때마다 불편해하는 것이었다.

'손에 땀이 많이 나는 것도 모르고, 애만 잡았구나.'

가슴이 아팠다. 퇴근한 후 항상 작은아이가 더 안쓰럽고 급하다 보니, 큰아이한테는 "알아서 하라"는 게 습관처럼 입에 붙었는데 엄마의 관심이 없는 만큼 아이 마음의 빈자리가 컸던 것이었다. 그걸 알고 난 후 책상 옆에는 땀을 닦을 수 있도록 항상 손수건을 챙겨놓았다. 또 큰아이가 공부할 때면 작은아이한테도 그림을 그리게 하는 등 조용한 분위기를 만들기 위해 무척 신경을 썼다.

당시에는 아이의 2학년 때 담임선생님이 고맙다는 생각을 하지 못했는데, 지나고 보니 그 선생님 덕분에 우리가 문제행동을 인지한 것이 감사하기 그지없다. 큰딸은 초등학교 4학년이 되면서 자신감을 부쩍 회복해 학기 초에 부회장 선거에 나가 당당히 부회장이 됐다. 가끔 주변 엄마들이 나에게 "아이가 몇 년 사이 많이 바뀌었다. 야무져서 걱정 없겠다"고 말한다.

산만하고 건망증 많은 아이 변화시키기

첫째를 키우는 초보 워킹맘은 걱정과 두려움이 많아, 자신도 모르게 아이에게 '엄친아'를 강조한다. 준비물도 스스로 잘 챙기고, 숙제도 혼자 잘하는 아이 말이다. 엄마 손길이 없어도 '알아서 잘하는' 아이가 되기를 바라는 마음에서다. 하지만 아이가 홀로 서기까지는 반드시 시간이 필요하다.

아이가 산만하고 준비물도 깜빡깜빡한다면, 아이 탓을 하지 말고 엄마부터 바뀌어야 한다. 아이가 스스로 챙기는 걸 습관으로 정착하기까지 엄마가 도와야 한다. 초등학교 저학년 때까지는 매일 '알림장'을 봐야 한다. 선생님이 매주 나눠주는 '주간학습계획표'도 꼼꼼히 읽는 게 좋다. 체험학습이나 학교행사에 관한 일정이 적혀 있기 때문이다. 아이 책가방 속에는 학교에서 배포한 각종 A4 용지가 구겨져 있을지도 모른다. 기한 내에 내야 하는 설문지나 신청서가 있으니, 이것도 챙겨봐야 한다.

야근이나 회식 등으로 챙기지 못하면, 남편이나 돌보미 아줌마에게 이를 부탁한다. 특히 학습 준비물을 급히 챙겨야 할 때가 있는데, 준비물을 소홀히 하면 안 된다. 워킹맘 치고 "아이 소풍인 줄 모르고 김밥재료를 준비하지 못해서 대충 싸서 보냈다"와 같은 에피소드를 한 번이라도 겪지 않은 사람은 없을 것이다. 하지만 크레파스, 붓, 줄넘기, 리듬악기 등 사소한 준비물이라도 챙겨가지 않으면, 아이는 그걸 빌리느라 수업에 집중하지 못하고 심지어 여러 번 반복되면 낙인까지 찍힌다. 나 또한 아침 일찍 문방구로 뛰어간 적도 여러 번이다.

특히 둘째의 경우 가르쳐주지 않아도 첫째가 하는 걸 지켜보면서 자라기 때문에, 준비물을 잘 챙기고 야무진 경우가 많다. 첫째는 아무 데서도 배울 수가 없으니 못하는 건 당연하다. 엄마, 아빠가 이를 가르쳐준다는 마음으로 대하면, '엄친아' 스트레스가 사라진다.

사실 아이를 키워본 경험이 많은 베테랑 엄마들은 한두 시간만 같이 있어봐도 아이의 성향, 엄마와의 관계 등을 대충은 파악한다. 하지만 알고 있어도 절대 말해주지 않는다. 함부로 얘기했다가 큰일 나는 게 '남의 집 자식 문제'이기 때문이다.

워킹맘 중에는 마치 직장에서 하는 말과 행동 그대로 아이에게 하는 경우도 많다. 고등학교 교사인 한 엄마는 여섯 살 된 딸아이한테 마치 학교 선생님처럼 무섭게 말하는 걸 자주 본다. 두 아이를 키워본 내 눈에 여섯 살 된 그 딸아이는 아직 아기 티를 벗지 않은 귀여운 꼬맹이였다. 모든 게 서툴고, 더디며, 장난기 많은 그런 꼬맹이 말이다. 하지만 이 엄마는 고등학생들에게 "빨리 문제 풀라"는 그 말투 그대로 아이한테 모든 행동을 똑바로 할 것을 지시했다. 첫째를 키울 때 뭘 몰라서 무조건 엄격했던 엄마들이 대개 둘째를 키울 때는 너그럽게 바뀌는 경우가 많은데, 이 엄마 또한 첫째 양육자의 전형적인 긴장과 불안을 엿볼 수 있었다.

가끔 큰딸이 작은딸과 역할놀이를 할 때, 큰딸이 말하는 모습을 보고 흠칫 놀랄 때가 있다.

'내가 애한테 저렇게 날카롭게 말을 한단 말인가!'

마치 회사에서 기자들한테 업무 지시를 내릴 때 내가 하는 말투 그대로 큰딸이 작은딸한테 하는 것이었다. "부모는 자녀의 거울"이라고 하는 말을 실감할 때가 많다.

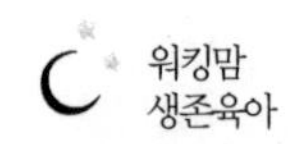

직장에서는 잘나가는 워킹맘이지만 자녀 때문에 속 끓이는 경우를 한두 명 본 게 아니다. 그럴 때면 사람들의 반응은 두 가지다. '역시 세상은 공평해' 라고 하거나, 아니면 '아이한테 얼마나 신경을 안 썼으면 저렇게 됐을까' 라고 한다. 하지만 주변에서 이들을 적극 도와줘야 한다. 아이를 잘 키우기 위해서 엄마 역할도 배워야 한다는 걸 알려주고, 각종 교육정보도 줘야 하며, 실수가 있을 때도 격려해 주고 공감해줘야 한다. 회사 일은 배웠지만 엄마 역할은 배우지 못한 게 대한민국 워킹맘이기 때문이다.

이래저래 워킹맘은 오늘도 마인드 컨트롤이 필요하다. 아무도 알아주지 않고, 또 문제만 생기면 '일하는 엄마 탓'이지만 그래도 어쩌겠는가. 내가 좋아서 선택한 길인 것을!

사표 쓰고
싶은 날

경력단절 여성으로 지내다 다시 출근한 후 받은 월급으로 맨 처음 한 일은 중고 피아노를 산 것이었다. 내 손으로 다시 돈을 벌 수 있게 됐다는 게 너무 기뻤다. 스스로에게 뭔가 기념할 선물을 사야겠다고 결심했다. '버킷리스트' 중 하나인 죽기 전에 멋지게 피아노 연주 하기를 실천하리라 생각하고 과감히 100만 원이 넘는 돈을 써버렸다. 첫 출근한 날 길을 걸을 때 나를 스쳐 지나가던 그 상쾌한 바람의 느낌이 아직도 남아 있다. 집이 아닌 곳, 내가 일할 수 있는 사무실, 사람들이 모여 있는 직장……. 매일 그곳에 갈 수 있다는 게 날아갈 듯

기뻤다.

'다시는 경력단절 여성이 되지 말아야지.'

그렇게 다짐했다. 하지만 다시 워킹맘이 된 지 5년이 넘는 지금은 입만 열면 "아이고 힘들어" 하는 소리가 절로 나온다. 사표를 쓰고 싶은 날도 가끔씩 생긴다. 얼마 전 아침 출근 길에 큰딸 친구 엄마를 봤다. 둘째 아이를 유치원에 바래다주는 길이라고 했다.

"일 가시나 봐요?"

서로 인사를 하고 헤어지는데, 순간 흠칫 놀랐다. 그 엄마를 부러워하는 내 안의 목소리가 들렸기 때문이다. 여유 있게 아이와 이런 저런 대화를 나누며 걸어가는 모녀의 모습이 보기 좋았다. 매일 아침 유치원생인 둘째 딸과 내 모습은 저렇게 여유 있지 못하다.

"엄마, 저기 고양이 있어요. 우리 고양이한테 가까이 가서 한번 봐요."

"어, 그래그래. 나중에 보자. 지금 엄마 늦었으니까 빨리 가야지."

"엄마, 우리 저쪽으로 돌아서 가요. 강 건너는 것처럼 폴짝폴짝 뛰어서."

"어, 그래. 다음에 하자. 알았지? 오늘은 엄마가 늦었어. 미안해. 빨리 가자, 빨리."

눈 오는 날이면 발자국을 찍어보겠다고 늦고, 비 오는 날이면 장화를 신고 물웅덩이에서 첨벙첨벙 하겠다고 늦고, 고양이나 참새를 보면 그 녀석들을 가까이 보겠다고 늦는 게 다반사다. 그것도 아니면 맘에 드는 옷이나 머리띠, 신발을 자기 마음대로 고른다고 떼를 쓰거나, 장난감을 유치원에 가져가겠다고 우긴다.

아이들이 먹은 아침식사를 대충 치우고 설거지통에 그릇을 쌓아 놓은 채 문 밖을 나서기까지 한바탕 씨름이요, 문 밖을 나선 후 유치원까지 걸어가는 데도 한바탕 씨름이다. 출근시간이 따로 없는 전업주부들이야 이렇게 아이한테 시간의 압박을 줄 필요가 없을 텐데, 늘 시간에 쫓기다 보니 자연스레 "빨리 하라"고 재촉할 수밖에 없다. 그날 중요한 일정이 잡혀 있는데 아이가 늑장을 부리면 목소리가 높아지고 재촉하는 빈도도 늘어난다. 아이가 유치원에 들어가는 걸 보고 돌아서는 순간, 마치 혹을 떼놓은 것처럼 시원한 기분이 들 때도 있다. 그날도 허겁지겁 뛴 날이었는데, 그 엄마와 딸의 여유 있는 모습을 보니 갑자기 땅이 꺼질 듯한 한숨이 나오는 것이었다. '나는 왜 이렇게 사는 것일까' 하는 회의까지 들면서.

워킹맘을 포기하려는 생각을 한 달 평균 네댓 번 한다는 한 자녀 양육 컨설팅기관의 설문조사 결과에 공감한 적이 있다. 워킹맘으로 살면서 사표 쓸 위기를 겪지 않은 사람은 없을 것이라고 단언한다. 그럭저럭 주변의 도움을 받아 위기를 넘겼으면 계속 일을 하는 것이요, 그렇지 못한 이들은 일과 가정 사이에서 저울질하다 결국 일을 포기한다.

사표 쓸 위기상황 중 가장 강력한 건 바로 아이가 아플 때다. 아이가 아픈 게 일하는 엄마 탓은 아니지만, 무조건 죄책감이 든다. 전문가들은 "아픈 아이 곁에 없다는 사실만으로 워킹맘이 죄책감을 가지면 안 된다"고 말하지만, 그런 소리는 반은 맞고 반은 틀리다. 평상시에는 죄책감이 없을 수 있지만, 아이가 아픈 상황에서 곁에 있어 줄 수 없는 엄마가 죄책감을 느끼는 건 어찌 보면 본능이다.

둘째 딸은 유독 사건사고가 많았다. 하루는 휴대폰으로 전화가 걸려왔다. 불길한 예감이 들었다. 아니나 다를까 유치원이었다.

"어머님, 아이가 열이 39도에서 40도를 왔다 갔다 해요. 원칙상 부모 동의 없이 유치원에서 함부로 해열제를 먹일 수 없거든요. 집에서 드시는 해열제를 갖고 와주시겠어요?"

전날부터 아이가 미열이 있었는데, 다른 방도가 없어 유치원에 밀어 넣었더니 열이 더 심해진 것이었다. 큰일이었다. 그날은 하루 종일 외부 미팅, 회의 때문에 빨라야 오후 5시는 지나서 움직일 수 있을 것 같았다. 선생님께 방법이 없느냐고 부탁해봐도, 초등학교 병설 유치원이어서 원칙에 철저했다. 일단 주변에 도와줄 사람을 구해서 유치원으로 해열제를 갖고 가겠다고 한 후 전화를 끊었다. 시간은 오전 11시. 이 시간은 전업주부 엄마들이 가장 바쁜 시간이다. 청소를 하거나, 운동을 하거나, 서로 모임을 하거나, 아니면 장을 보러 나서거나. 친한 전업주부 엄마 3명에게 전화를 걸었지만,

가는 날이 장날인지 아무도 전화를 받지 않았다. 아이가 얼마나 아플지 속이 타들어갔다. 마지막으로 같은 교회에 다니는 집사님께 전화를 걸었다.

"여보세요?"

전화를 받는 상대방의 목소리를 듣자마자, 엉엉 울었다. 그냥 제 풀에 서러움이 북받쳐서 울음보가 터진 것이었다. 해열제 문제를 해결한 후 오후 6시가 넘어 유치원에 가보니, 교무실 선생님 자리 옆에 이불을 깔고 누워 있는 아이가 보였다. 엄마 잘못 만난 죄로 아파도 집에서 편하게 쉬지 못하는 내 새끼가 너무 불쌍했다.

사실 해열제 사건은 약과였다. 새벽에 경기를 해서 119를 불러 응급실에 가거나 장난 치고 놀다가 어깨가 탈골돼 응급실에 간 일도 있었다. 독일 출장을 갔을 때에는 수족구에 걸려서 아이를 돌봐주시던 시어머니가 며칠 동안 고생하기도 하고, 신문 마감일에 아이를 남편에게 맡기려고 운전해 가다 사고가 난 일도 있었다. 마음이 급하다 보니 생긴 사고였다. 둘째 아이의 왼쪽 눈 아래가 찢어져 수술을 받고 있는데, 회사에서는 자꾸 전화가 걸려왔다. 남편은 "내가 병원에 있을 테니 회사에 가보라"고 했지만 도저히 발이 떨어지지 않았다. 과감히 회사 가는 걸 포기해버렸다. 우선순위는 일보다 사람이니까.

"어머님, 들어와서 아이가 움직이지 않도록 팔 다리 잡으세요."

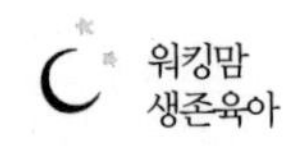

마취한 네 살짜리 아이를 눕힌 채 의사가 바늘로 살을 꿰매는 걸 직접 봤다. 평상시에 병원에서 피 뽑는 것도 무서워 고개를 돌리던 나였지만, 그 순간 눈을 똑바로 뜨고 아이를 지켜봤다. 칠순이 넘은 친정엄마 생각이 났다. 자식 여섯을 키우면서 얼마나 산전수전을 다 겪었을까, 싶었다. 그녀가 강해진 건 단지 엄마이기 때문이어서가 아니라 이런 아프고 시린 경험들이 쌓여서일 것이다.

사표 쓰고 싶은 날, 어떻게 마음을 되돌리나

사표 쓰고 싶은 날은 시시때때로 생긴다. 가장 심각한 순간은 아이한테 문제가 생길 때다. 전업주부가 되어 아이만 잘 돌보면, 공부며 친구관계며 모든 게 해결될 것 같다.

그럴 때 내가 하는 방법은 A4 용지 한 장을 꺼내는 것이다. 오래전, 한비야 씨를 인터뷰할 때 "결정이 어려운 순간에 써먹는 방법"이라고 해서 따라해 봤는데 꽤 효과가 있다. A4 용지를 절반으로 나눈 후, 사표를 썼을 때와 안 썼을 때의 장단점을 죽 써보는 것이다. 일명, 사표에 대한 손익계산서라고 해야 할까. 그러면 문제의 해결책이 훨씬 선명하게 보인다. 때로 아이 문제는 핑계일 뿐, 힘든 회사 일에 대한 도피용으로 사표를 생각했음을 알게 된다.

아이는 자라면서 계속 문제 상황이 생긴다. 아이가 정서적 장애를 가져 엄마의 도움이 절대적으로 필요한 상황이 아니라면, 사표가 아닌 다른 해결책도 많다. '회사를 그만두고 집에서 주부가 되었을 때, 대체 불가능한 역할이 뭘까' 곰곰이 생각해보면, 특별히 없다. 집안일? 돌보미 아줌마에게 맡기거나 남편과 분담하면 된다. 아이 공부는? 학원이 돌봐주거나 아이 스스로 하면 된다. 친구 만들어주기? 그건 워킹맘이어도 할 수 있다. 아이와의 부족한 소통? 전업주부에 비해 워킹맘이 20~30% 부족한 듯하지만, 이것도 워킹맘의 노력 여하에 달려 있다. 워킹맘이 말하는 모든 문제는 다 해결책이 있다.

꼭 사표를 써야 할 것 같으면, 일단 휴직을 하는 게 좋다. 휴직을 하려면 아이가 초등학교 1학년 입학 무렵이 가장 좋다. 초등학교 적응을 돕고, 친구 엄마를 사귈 수 있는 좋은 기회이기 때문이다.

주변을 둘러보면, 아이가 중학생만 되어도 엄마 역할이 초등학교 때의 절반 이하로 떨어진다. 여유로운 '브런치'도 하루 이틀이지, 만성화되면 지루해진다. 4~5년 전의 나는 지금의 나를 상상하지 못했다. 토요일, 아이 둘이 각자 스케줄대로 외출해 한가해진 내가 집 근처 커피숍에서 홀로 책을 읽게 될 날이 오리라는걸! 기다리면 이런 날은 누구에게나 온다.

워킹맘을 그만두고 전업주부가 된 사례를 보면 주변에서 "안타깝다"는 이야기를 많이 한다. 그 이야기를 들을 때마다 기분이 그리 좋지는 않다. 안타깝다는 말 속에는 워킹맘으로 계속 승승장구하는 건 좋은 일이요, 전업주부가 되는 건 중간에 실패한다는 뉘앙스가 숨어 있는 것 같아서다.

여섯 살 미만의 어린아이 둘을 한꺼번에 키우다 지쳐 워킹맘을 포기한 친구가 있다. 친정엄마와 친정아빠가 함께 몇 년째 아이 둘을 돌봤는데, 친정 부모님의 건강이 급격히 나빠진 것이었다. 회사 상사와의 갈등도 해결될 기미가 보이지 않는 데다 친정 부모님 건강까지 나빠지자, 코너에 몰린 그녀는 결국 사표를 썼다. 그 친구를 잘 아는 워킹맘 선배가 소식을 듣더니 이렇게 말했다.

"에휴, 너무 안타깝다. 지금까지 잘 버텨왔는데, 좀 더 버티지 않고."

왜 워킹맘은 버텨가면서 살아야 하는가, 괜히 시비를 걸고 싶었다. 그녀가 얼마나 힘들게 버텨왔는지 잘 알기에 '이렇게 아이와 부모님까지 희생시켜가며 일을 해야 하는 걸까' 하는 고민을 나부터도 했기 때문이다.

"잘 선택했네. 일단 아이들 좀 키우고 다시 나와서 일하면 되지 뭐."

이렇게 말할 수 있는 사회가 되려면 얼마나 기다려야 할까.

부모교육 관련한 포럼을 하면서 한 선배 워킹맘을 만난 적이 있다. IT회사와 재단 사무국장을 거쳐 지금은 소셜벤처 맘이랜서를 창업한 김현숙 대표다.

"저는 '일'이 삶의 중심인 사람이었어요. 주변 분들이 아이들의 안부를 물으면 '무 자라듯 알아서 쑥쑥 큰다'고 답할 정도였어요."

하지만 해외주재원 등으로 6년 동안 중국, 캐나다에서 지내다 각각 고 1, 중 2로 한국의 학교에 편입한 사춘기 아이들이 위기를 겪으면서 결국 일을 그만뒀다고 한다. 큰아이는 교복에 명찰을 새기지 않고 옷핀으로 달고 다닌 것 때문에 경고를 받고 다음날 학교를 가지 않았고, 작은아이는 "나는 쓰레기야. 학교에서 쓰레기야. 선생님들은 공부 잘하는 애들만 좋아해"라고 말했다고 한다. 엄마로서 너무 부족했다는 생각에 일을 그만두고 아이들과 시간을 가지는 것을 삶의 우선순위로 두었다고 했다.

주변에는 이처럼 아이가 고등학생이 되었을 때 일을 그만두는 워킹맘도 많다. "아니 지금까지 어려운 시절 다 견디고 직장생활 하셨는데, 왜 지금 그만두세요?" 하고 물으면, 다들 그저 웃으며 "그럴 일이 생겨"라고 했다. 물론 아이가 제법 크고 난 후 일을 그만둔 워킹맘들의 경우 2~3년 쉬었다가 정규직은 아니지만 아르바이트나 프리랜서 형태로 다시 일하는 사례를 많이 봤다.

나 또한 아이 방학 때마다 사표 쓰고 싶은 맘이 불쑥불쑥 솟아온

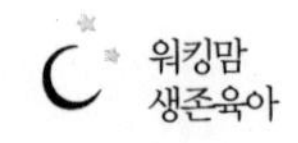

다. 지난해 처음으로 돌보미 아줌마 없이 지내보니 방학이 고역이었다. 봄방학, 여름방학, 겨울방학까지 세 차례의 기나긴 방학 동안 아이의 점심을 차려줄 누군가가 필요했다. 여름과 겨울에는 휴가를 맞추고, 시골 체험을 해야 한다며 시댁에도 내려 보내고, 급할 때는 주변 이웃의 도움도 받아가면서 말 그대로 꾸역꾸역 방학을 견뎌나갔다.

하지만 다들 방학 때 밀린 공부와 선행학습을 한다며 학원을 보내는 판에, 심심한 시골에서 할머니와 텃밭에서 일을 하거나 TV만 보는 걸 아이도 좀 지겨워했다. 지난 겨울방학은 하는 수 없이 일주일에 2~3일은 돌보미 아줌마가, 나머지는 내가 알아서 하기로 했다.

"엄마 친구 집에 가서 밥 얻어먹을래? 엄마가 전화해놓을게."

"됐어요. 그냥 편하게 우리 집에서 먹는 게 나아요."

이웃집에서 몇 번 밥을 얻어먹어본 아이는 이제는 귀찮다고 했다. 아무도 눈치를 준 적이 없건만, 그저 불편하다는 걸 아는 나이가 된 것이다. 기자들의 원고를 수정하느라 재택근무를 할 수 있는 경우는 상관없었지만, 회의나 미팅이 있는 날이면 하는 수 없이 주먹밥이나 유부초밥을 만들어놓고 출근해야 했다. 시간이 없을 때면 동네 앞 제과점에서 샌드위치를 사 먹으라고 하기도 했다. 하루는 너무 바빠서 점심을 만들어놓을 시간도 없이 출근했다. 오전에 방과 후 영어 수업을 끝내고 돌아온 아이가 회사로 전화를 걸어왔다.

“엄마, 오늘 점심 뭐 먹어요? 아무 것도 없는데?” “어, 미안. 너무 정신없어서 그냥 왔네. 어떡하지? 만두 구워 먹을래? 냉동실에 있는데.”

“알았어요. 내가 알아서 해 먹을게요.”

요리를 좋아하는 아이는 신이 나서 전화를 끊었다. 그날 점심 미팅을 하는 내내 ‘아이가 점심은 잘 챙겨먹고 있을까’ ‘나는 이렇게 사람들과 웃고 떠들면서 밥을 먹고 있는데, 아이는 혼자서 심심하지 않을까’ 하는 마음에 불편했다. 퇴근해보니 부엌 싱크대에는 빈 만두그릇이 놓여 있었다. 너무 미안해서 “엄마 회사 그만둘까?” 하고 물었다. 예전에는 말이 끝나기도 전에 “네~네~” 하던 아이가, 이번에는 생각을 좀 하는 눈치였다.

“왜? 그만두지 말까?”

“아니, 엄마가 그만두는 건 좋은데 그러면 우리 집 경제상황이 좀 안 좋아질 것 같아요.”

너무 어이가 없어서 헛웃음이 나왔다.

“혼자 밥 먹는 거 힘들지 않았어?”

“괜찮아요. TV도 보고 책도 읽고.”

이제 고학년이 된 아이는 은근히 혼자만의 시간을 즐기는 눈치였다. 물론 아직 어린 둘째 아이는 늘 “엄마 빨리 회사 그만두라”고 성화이긴 하지만, 적어도 첫째 아이는 엄마와 친구, 돈, 자기만의 시간이라는 네 가지 이해관계가 생긴 것이었다. 좋기도 하고, 섭섭하기도 했다.

대개 워킹맘들이 착각하는 것 중 하나가 전업주부가 되면 아이의 24시간을 충실히 돌봐줄 수 있다고 생각한다는 점이다. 하지만 현실은 그렇지 않다. 전업주부가 되는 순간, 그동안 워킹맘이었기에 열외가 되었던 수많은 숨은 집안일이 갑자기 생겨난다.

딸 친구 엄마 Q 씨는 지방에 사는 친정엄마가 일주일 동안 병원에 입원하는 바람에 두 아이에게 저녁밥을 계속 시켜먹게 할 수밖에 없었다. 또 다른 친구 엄마 O 씨는 시부모님이 차례로 무릎과 허리 수술을 하러 서울로 오느라, 아이 2명이 이리저리 이웃집을 떠돌아야 했다. 또 다른 엄마는 자신이 무릎 인대 수술을 하는 바람에 병원에 입원, 한 달 내내 아이들 끼니를 아빠가 해결해야 했다.

이처럼 전업주부에 대한 환상이 없으니, 사표를 쓰는 게 반드시 최선의 선택이 아니라는 걸 안다. 일하다가 만나는 후배 워킹맘들을 볼 때마다 꼭 아이들 나이를 물어본다. 어린아이를 키우고 있는 이들을 보면, 내색은 안 하지만 매일 겪고 있을 어려움들이 눈에 선해서 가슴이 아프다. 그럴 때마다 이야기하곤 한다.

"다섯 살만 지나면 그래도 괜찮은 것 같아요."

신기하게도 아이가 여섯 살이 되자 열감기나 배앓이 등 밤새 간호해야 하는 잔병들이 많이 줄어들었다. 끙끙 앓기는 해도 아이 스스로 병과 싸워낼 힘이 생기는 모양이었다. 아이가 초등학교에 입학할 나이를 둔 후배 워킹맘들에게는 "1학년 때만 신경 써주면 괜찮아요" 하고 조언한다. 아직 아이가 사춘기를 맞이하지 않았기에 알 수는 없지만, 그 시간 또한 잘 보낼 수 있으리라고 믿는다. 언제나 그래왔기에.

일하는 엄마,
엄마가 필요한 아이

"초등학교 때까지는 괜찮아. 아이가 중학교, 아니 고등학교에 가봐. 엄마를 우습게 알지. 그때는 아무리 공부를 시키고 싶어도 엄마 뜻대로 할 수가 없어."

고등학생 자녀를 둔 선배 엄마들을 만나면 대부분 이런 이야기를 한다. 아는 엄마는 "초등학생 때 그렇게 고분고분하던 아들이 사춘기가 되자 열 받는다고 식탁 의자를 발로 걷어차서 의자 등받이에 구멍이 났다"고 했다. 한 엄마는 "아이가 몇 번이나 가출하고 말을 안 들어서 아파트 옥상으로 끌고 올라가서 '같이 죽자'고 한 적도 있다"고 했다.

1년에 꼭 한두 번씩은 중고생 아이가 아파트에서 투신자살한 소문이 돌아 분위기가 흉흉해지기도 한다. 이뿐인가. 한 번은 큰딸의 휴대전화 문자메시지를 보고 기절하는 줄 알았다. 친구한테서 걸려온 전화를 몇 번 못 받았는데, 친구가 보내온 문자가 가관이었다.

"나 이제 너랑 절교야. 지금까지 내가 너한테 준 거 다 갚아. ㅆㅂㅅㄲ"

꼬치꼬치 캐물었더니 "평소에도 짜증나고 신경질난다며 욕을 자주 하는 친구들이 많다"고 했다. 어린 시절부터 스스로 결정하는 게 별로 없이 학원으로 뺑뺑이를 다녀야 하다 보니, 내적인 스트레스가 많이 쌓여 있는 듯 보였다. 특히 아이를 위한 교육 정보를 수집하고, 전략을 세우며, 실행하는 몇몇 전업주부 엄마들을 보면 마치 회사에서 신제품 출시하듯 추진력이 있다. 이렇게 완벽해 보이는 엄마와 같이 지내면 내가 그 집 아이라도 좀 부담스러울 것 같다.

아마 나 또한 경력단절 여성이자 전업주부로 계속 남아 있었더라면, 아이한테 '올인'하다 못해 큰 사달이 났을 것 같다. 아이가 공부를 잘하는 것에서 존재감을 찾고, 집착하게 됐을 가능성이 높다. 남편 또한 아이 성적 문제를 모두 나에게 전가하며 "집에서 애들도 안 챙기고 뭘 하느냐"고 구박했을 것이다.

감사하게도 워킹맘이 되면서 관심사가 아이와 회사 일로 분산됐

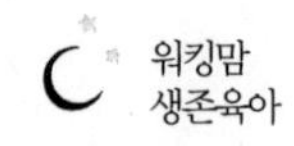

다. 아이 교육에서도 회사 일에서도 100% 완벽할 순 없지만, 그 덕분에 부족한 부분을 각자 조금씩 나눠서 하게 됐다. 덕분에 우리 집은 다소 민주적이 됐다. 새로운 학원을 결정하거나 학교에서의 방과 후 프로그램을 선택해야 할 때 아이와 의논을 하고, 되도록 아이의 뜻을 존중하는 것이다. 내가 회사 일을 무리 없이 제대로 해내려면 집안에서 아무 사건사고가 없어야 하고, 그러기 위해 아이의 협조가 필수적이기 때문이다.

큰딸이 초등 3학년 겨울방학 때의 일이다. "4학년 때부터 수학이 어려워지니까 수학학원에 다니지 않으면 큰일 난다"는 조언이 이어졌다. 너무 겁이 나서 주변의 추천을 받아 목동의 한 오피스텔에 있는 수학학원을 찾아갔다. 원래 고등학생만을 대상으로 하는 학원이었지만, 낮 시간을 이용해 초등학교 고학년 학생을 받는다고 했다. 선생님은 A4 용지에 프린트된 수학연산 문제를 내주며, 아이가 다 푸는 동안 시간을 쟀다. 테스트가 끝나자 선생님은 "수학연산은 암산으로 풀 만큼 속도가 나와야지, 숫자 위에 반올림해서 써놓고 하면 나중에 수능시험 볼 때 시간이 모자라서 문제 못 푼다"며 "암산을 통해 바로 계산이 나올 만큼 속도를 빨리 내야 한다"고 말했다.

선생님 말씀을 들으니 귀가 팔랑팔랑거렸다. 흥분해서 빨리 학원에 등록하자고 했더니, 아이는 무섭고 학원 분위기도 맘에 안 든다고 했다. 초등학생을 위한 학원은 보통 대형학원 시설이어서 학생들이 들락거리기에 안전하고 밝은 곳이지만, 이곳은 조금 어두컴컴했다. 아이는 혼자서도 공부할 수 있다고 주장했다. 결국 우리는 집 근처에 위치한 학습지회사의 러닝센터에 다니기로 합의를 봤다. 학습지 선생님한테 칭찬을 많이 받았는지 아이는 의욕이 충만해서 몇 달 후에는 아예 거꾸로 제안을 했다.

"엄마, 나 아무래도 한자 학습지를 하나 더 해야 할 것 같아요. 친구들은 일찍부터 한자를 배워서 모르는 단어도 다 이해하는데, 나는 한자를 모르니까 어려운 단어가 너무 많아요. 한자 좀 시켜줘요."

이게 웬 떡인가. 요즘 아이들은 뭘 시켜도 하기 싫다고 도망가는 판인데, 거꾸로 하고 싶다는 말을 하다니! 감동이었다. 값도 3만 3,000원이라 부담되지 않는 데다 아이가 간절히 원하니 당장 신청해줬다.

방학을 어떻게 보내야 하나

방학이 다가오면 모든 전업주부들은 괴로워한다. 일단 하루 '삼시세끼'를 챙기는 일이 힘들고, 아이들과 12시간 넘게 부대껴야 하기 때문이다. 워킹맘의 경우, 아이는 한가해졌는데 엄마는 일상의 변화가 없다. 이런저런 스케줄을 마련해보지만, 영 불안하다. 게다가 주변에서 아이와 함께 해외 어학연수를 다녀온다든지, 학원 전단지마다 '방학특강'을 강조하고 있는 걸 보면, '이러다가 내 아이만 어영부영 방학을 보내는 건 아닐까' 두려워진다.

워킹맘은 방학만 되면 몸과 마음이 따로 논다. 하지만 큰 욕심은 버리는 게 좋다. 어차피 내 아이가 견뎌내야 할 몫이다. 대신 아이에게 주도권을 주고 '방학 때 뭘 하고 싶은지, 뭘 하면 좋을지' 같이 의논해보는 게 낫다. 어차피 둘 중 하나다. 실컷 놀든지, 아니면 모자란 공부를 보충하든지. 이래저래 아이한테 남는 건 있다. 첫째 아이는 "방학 때 실컷 놀고 싶다"고 해서, 2주 동안 시골 할머니 집에 보냈더니 그 이후엔 별로 그런 얘기를 하지 않았다. 시골에 가면 학원도 안 가고 마냥 좋을 줄 알았는데, 친구가 없어 심심하다는 걸 깨달은 모양이었다.

방학 때 뭔가 하나씩 '프로젝트'를 하는 것도 좋은 방법이다. 우리는 '영어 전집 시리즈 하루에 한권씩 읽고, 끝내기' 혹은 '수학 사고력문제집 한 권 다 풀기' 등과 같은 프로젝트를 했다. 방학 때에도 학교 도서관이 문을 여니, 책 빌려 읽기 같은 걸 해봐도 좋다. 낮시간 동안 아이가 할 수 있는 걸 주고, 저녁에 엄마가 함께 챙겨줄 수 있는 그런 프로젝트면 된다. 숙제하듯 너무 몰아 부치지 말고, 재미있는 프로젝트를 해나간다는 마음가짐으로 해야 아이와 엄마 모두 부담이 없다. 만약 학원을 옮기려면 방학 때가 좋다. 학원을 옮기는 중간에 좀 쉴 수도 있고, 아이가 적응하는 데도 여유가 있기 때문이다.

아이 입장에서 보면, 초등학교 저학년까지는 집에 있는 엄마가 일하는 엄마보다 훨씬 좋다. 가장 가슴 아플 때가 유치원 행사나 초등학교 행사에 엄마가 못 와서 기죽은 아이 모습을 보는 순간이다. 남의 집 아이인데도 마치 내 아이처럼 안쓰러울 때가 한두 번이 아니었다. 유치원에 다니는 둘째 아이는 1년에 4차례 이상 체험학습을 간다. 대개 유치원 차량이 5대가량 출발하는데, 이중 눈에 띄는 차량이 바로 우리 둘째 아이가 있는 '에듀케어반(종일반)' 애들이 탄 차량이다. 다른 차량에는 젊고 생생한 전업주부 엄마들이 체험학습 가는 아이들을 배웅하느라 우르르 몰려 있건만, 워킹맘 아이들이 탄 차량에는 몇 명 안 되는 할머니 혹은 돌보미 아줌마들이 서 있다.

"다른 애들처럼 엄마가 꼭 버스 앞에서 손을 흔들어 달라"고 애원하는 둘째 아이 때문에 가끔씩 나도 배웅을 하러 간다. 엄마가 함께 있으니, 둘째 딸은 친구들 보란 듯이 의기양양해진다. 한번은 둘째 딸과 친한 H 양과 눈이 마주쳤는데, 슬픈 표정의 그 아이 모습에 가슴이 아팠다. 아침 일찍 출근해야 하는 H 양의 엄마는 단 한 번도 체험학습 배웅을 해준 적이 없었는데, 아이의 마음엔 제법 서운함이 쌓였을 것이다. "신나게 체험학습 잘 다녀와" 하고 엄마 대신 H 양을 쓰다듬어 주고 나왔다.

반대 상황도 있다. 그나마 H 양은 집 근처에 사는 할머니가 아이 등하교를 책임지니, 유치원이 끝나자마자 피아노도 배우고 영어도 배운다. 하지만 우리 둘째 딸은 오후 5시 유치원이 끝나면 근처 태권도학원 원장님의 손에 이끌려 곧바로 태권도장으로 직행한다. 지난해 갑작스런 사정으로 하우스 푸어가 되는 바람에 돌보미 아줌마 없이 지내다 보니 찾아낸 궁여지책이었다. 퇴근할 때까지 2시간 남짓 아이를 돌봐줄 곳이 태권도학원밖에 없었다.

처음 몇 달 동안 아이는 적응을 못 해 밤에 자주 오줌을 쌌다. 2시간 동안 불편한 태권도학원에서 오줌을 참다 보니 생긴 현상 같았다. 집에 오자마자 배가 고파 저녁을 허겁지겁 먹는 모습을 볼 때마다 '내가 이렇게까지 애를 고생시키면서 계속 일을 해야 하나' 싶었다. 그래도 1년쯤 지나자 아이는 태권도학원을 제 집처럼 좋아하고, 줄넘기를 쉰 번 넘게 쉬지 않고 하는 체육신동이 됐다.

세상 모든 일에 빛과 그늘이 있듯, 워킹맘과 그 아이들에게도 마찬가지다. '질량불변의 법칙'이 통한다고 해야 할까. 워킹맘이기에 힘들고 불편했던 바로 그 지점 때문에 사춘기에 접어드는 아이들과 무난히 지내는 경우도 많다. 엄마보다 친구, 엄마보다 자신만의 세계를 좋아하기 시작하는 사춘기 아이들은 워킹맘이 남겨놓은 빈 구석을 제법 좋아하는 것이다. 사춘기 아이를 둔 전업주부 엄마들이 가슴을 치면서 하는 말이 있다.

"아니 어릴 때는 엄마가 없으면 큰일 날 것처럼 하던 애들이 이제 와서 '왜 엄마는 다른 엄마들처럼 밖에 나가서 일도 안 해?' 라고 할 때마다 속에서 불이 나!"

적어도 이런 이야기를 들으면 조금은 위안이 된다.

가끔 워킹맘이어서 아이한테 도움이 될 때도 있다. 취재를 하는 분야가 나눔과 기부, 복지현장, 환경, NGO, 기업 사회공헌 등에 관한 것이다 보니, 가끔 NGO 행사 현장에 큰딸을 데리고 간다. 큰딸이 초등학교 3학년 때 예술의전당에서 열린 '장애인식 개선을 위한 하트하트 콘서트'는 감동 그 자체였다. 하트하트재단이 운영하는 하트하트오케스트라는 12~30세의 발달장애인들로 구성된 오케스트라로, 이날 공연에서도 일부 검정 연미복을 입은 단원들이 몸을 좌우로 뒤틀기도 하고 객석을 향해 엄지 손가락을 치켜세우기도 했다. "왜 저러냐"는 큰딸에게 나는 조곤조곤 설명해줬다.

"말하고 생각하는 게 보통 사람보다 늦어서 몸은 커도 말이나 행동은 어린아이처럼 하는 '발달장애'를 가진 친구들이야. 이 친구들이 한 곡을 무대에 올리려면 천 번 이상 계속 연습해야 해. 이렇게 함께 연주하는 것 자체가 기적 같은 일이야."

지난해 4월에는 밀알복지재단에서 개최한 '밀알 콘서트'에 데리고 갔다. 장애인과 비장애인의 통합콘서트라는 취지에 맞게, 이날 하루 외출 나온 장애인들이 정말 많았다. 우리 자리 옆에는 청각장애인들이 앉아 있었는데, 콘서트 내내 옆에서 사회자의 멘트나 연주 분위기 등을 수화로 설명해줬다. 큰딸의 호기심은 점점 커져갔다.

"엄마, 청각장애인들은 음악을 못 듣는데 어떻게 콘서트장에 왔어요?"

"엄마, 헬렌켈러는 보지도, 듣지도, 말하지도 못했는데 어떻게 공부를 했을까요?"

궁금해하면서 집에 오자마자 헬렌켈러 책을 들여다봤다. 학교와 학원이라는 좁은 세계에만 살던 아이에게 이런 경험은 매우 좋은 자극이 된다. 초등학교 1학년 때 환경재단에서 하는 후원의 밤 행사에 참여해 디자이너 이상봉 씨의 의상 패션쇼를 보더니, 딸아이는 한동안 "패션 디자이너가 되고 싶다"고 외치고 다녔다. 작년 5월에는 유한킴벌리의 사회공헌 프로그램인 '우리강산 푸르게 푸르게' 캠페인 30주년을 맞아 신혼부부 초청 나무심기 행사에 참여해서 같이 나무를 심었다.

미국 워킹맘들의 스토리를 읽어보면 사무실에 아이를 데리고 오거나 행사장에 가족을 동반하는 경우가 많다. 워낙 가족을 중시하는 문화다 보니 이런 모습이 당연시되는 듯했다. 예전부터 아이가 크면 꼭 이런 모습을 따라 하리라 마음먹었다. 엄마의 일하는 모습을 보여주고, 대학을 넘어 존재하는 드넓은 세상을 보여주고 싶었다.

혼자만의 착각일지 모르지만, 우리 두 딸들도 은근히 일하는 엄마를 좋아하는 것 같다. 아이들에게 비친 내 모습은 어떨까, 항상 궁금했는데 그걸 확인할 기회가 있었다. 어느 날 큰딸과 작은딸이 소꿉

놀이하는 걸 지켜봤다. 엄마, 아빠 역할놀이였다. 큰딸이 "애들아 아빠 왔다" 하면서 아빠 흉내를 냈다. 작은딸이 "어, 여보. 왔어요? 잠깐만, 나 일 좀 하고" 하더니 뽀로로 컴퓨터를 앞에 두고 글을 쓰는 흉내를 냈다. 손을 엄청나게 빨리 움직이면서 진지한 표정으로 인상까지 쓰면서. 평소에도 글 쓰는 엄마의 모습을 유심히 지켜본 모양이었다. 어찌나 우습던지 혼자서 배를 잡고 웃었다.

큰딸이 초등학교 2학년 때인가, 갑자기 "엄마 〈더나은미래〉 어디 있어요?" 하는 것이었다.

"왜 갑자기 신문을 찾아?"

"아, 내가 짝꿍한테 우리 엄마가 기자라고 했는데 안 믿잖아요. 내가 직접 신문에 있는 엄마 이름 보여주려고요."

이날 저녁, 딸은 친구에게 확실히 자랑을 하고 왔다고 했다. 그런가 하면 지난해 큰딸 일기장을 보고 또 한 번 크게 웃었다. 선생님이 '우리 부모님을 소개합니다'라는 제목으로 일기를 써오라고 한 모양이었다.

"우리 어머니는 조선일보 〈더나은미래〉 편집장이다. 어머니의 신문은 화요일마다 나온다. 기자들이 쓴 글을 고치고 다듬고 마무리하면 하루가 거의 지나간다. 어머니는 마감에는 예민하다. 나는 기자들이 어머니를 힘들게 안 했으면 좋겠다. 나는 이 세상에서 부모님을 제일 존경하고 사랑한다. 화이팅."

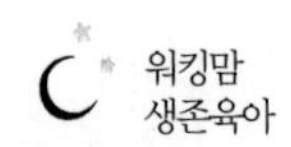

이걸 읽으니 마음이 뭉클해졌다. 아이들은 말을 하지 않아도 엄마가 마감 때 예민하다는 걸 알고 있으며, 기자들의 원고를 고치느라 컴퓨터 앞에서 애쓰는 걸 알고 있었다.

한 공간에서 매일 지낸다는 건 같은 에너지를 나눈다는 뜻이다. 좋은 에너지도 전달되고, 나쁜 에너지도 전달된다. 연애와 결혼이 다른 이유도 바로 이것이다. 공간을 공유한다는 것. 매번 나만 왜 이렇게 일이 많고 힘들까 생각했지만, 사실 돌아보면 엄마 한 명 일하는 걸 돕느라고 아빠와 아이들 모두 나름의 무게만큼 견디고 있는 것이었다.

가끔 아이들이 "우리 엄마도 남들처럼 집에 있었으면 좋겠다"고 할 때, 하는 말이 있다.

"생각해봐. 이 세상에 똑같이 생긴 사람은 없어. 하나님이 우리 한 명 한 명을 다 다르게 만드셨어. 그러니까 남들과 똑같아지려고 일부러 애쓸 필요는 없어. 주어진 달란트(재능)에 맞게 감사히 살면 되는 거야."

힘들 때면 나 스스로에게 되뇌는 말이기도 하다.

CHAPTER 3

학습습관을 잡아주는 것,
물리적 시간이 많이 필요하기 때문에
워킹맘에게 힘든 도전 과제다.

엄마는 전략가

워킹맘, 목동에서 살아남기

엄마가 친구가 없으면
아이도 친구가 없다

"윗분들이 휴가를 써야 우리도 눈치 안 보고 휴가를 쓸 수 있죠."

연월차를 제대로 쓰지 않는 나에게 팀원들이 항의하기에, 마음먹고 하루 쉬기로 했다. 바로 '엄마모임'이 열리는 날이었다. 1학년 때 친했던 엄마들끼리 이용하는 단체 카톡방이 있는데, 며칠 전 카톡이 떴다.

"우리 안 본 지 꽤 됐는데, 얼굴 한번 봐야죠. 조조타임에 영화 한 편 볼까요?"

다들 반응이 좋았다. 영화를 본 후 커피숍에 자리를 잡고 가벼운

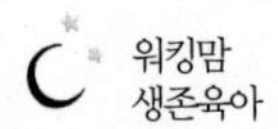

점심을 먹으며 폭풍 수다에 돌입했다. 엄마모임에서 빠질 수 없는 수다의 주제는 최근 학교 정보, 주변 소식, 학원 품평, 건강과 자녀 교육, 쇼핑 정보 등이다

"요즘 1학년 엄마들이 장난이 아니래요. 어떤 반에서 학부모 대표로 남자아이 엄마 4명이 손을 들었는데, 여자아이 엄마들이 '왜 남자애 엄마만 대표하느냐'고 항의했대요. 학교 공식 임원은 4명인데, 결국 그 반은 8명이서 하기로 했대요."

한 엄마가 이 얘기를 꺼내자, 주변에서 각종 비슷한 내용들이 우르르 쏟아졌다.

학원 정보도 단골 메뉴였다.

"최근에 한 학원에 가봤는데 저녁도 먹여주는 학원이에요. 오후 4시 30분부터 9시 30분까지 수학과 영어, 웬만한 과목은 다 가르쳐주는데, 가격이 85만 원이래요. 원래 다른 지역에 본점이 있었는데, 너무 잘 돼서 이번에 이곳으로 이전해왔대요."

"D학원 어때요? 여기는 사고력 수학만 하는 학원인데, 엄마도 같이 수업을 들어야 한대요. 엄마가 배워야 아이도 집에서 가르칠 수 있다는 원장님의 강력한 소신이 있대요."

학원이 하나씩 도마에 오를 때마다 난도질을 당했다. 실제 체험한 이야기부터 주변 엄마들의 각종 품평까지 쏟아진다. 이뿐 아니다. 고학년이 된 아이들에게 "스마트폰을 사줘야 할지 말지" "스마트폰

을 사준 이후 어떻게 잘 이용하도록 해야 할지" 등에 대한 갑론을박도 이어졌다.

"유해차단 프로그램을 설치해봤자 아무 소용없어. 애가 학교 가더니 이틀 만에 이걸 어떻게 (해킹해서) 푸는지 방법을 알아오던데. 결국 아이 스스로 조절할 수 있도록 잘 도와주고 지켜보는 수밖에 없어."

자녀 교육부터 정치적인 이슈까지 오가며 수다를 떨던 우리는 다음을 기약하며 오후 1시 30분쯤 헤어졌다. 9시 30분에 만났으니, 4시간을 함께 보낸 셈이다.

전업주부가 되어보기 전, 나는 대부분의 남편들이나 여느 워킹맘처럼 이런 주부들의 수다에 대한 편견이 많았다. 흔히 얘기하지 않는가.

"할일 없는 엄마들이 커피숍에 모여 수다나 떨고……."

하지만 전업주부를 경험해본 후 워킹맘이 되어보니, 이런 모임은 돈 주고 살 수 없는 생생한 생활 정보의 보고였다. 돈으로 환산한다면 꽤 값어치가 있을 법한 정보들이다. 예를 들어 자녀의 영어 · 수학학원을 고르거나(학원 정보), 쑥쑥 커가는 자녀들의 옷을 사야 하거나(쇼핑 정보) 하는 경우를 생각해보자. 만약 이런 주변 정보가 없다면 그야말로 '맨땅에 헤딩'을 해야 한다. 일일이 학원을 찾아다녀야 하거나, 인터넷 서핑을 통해 좋은 정보를 찾아야 할지 모른다. 10시간이나 20시간을 투자해야 할지 모른다. 그 시간을 투자해서 선택한

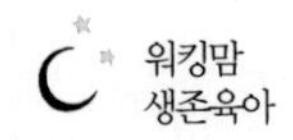

학원 정보가 정확한지 아닌지도 알 길이 없다. '시간이 돈'인 시대 아닌가.

쇼핑도 마찬가지다. 이날 "큰애가 자꾸 크는데 여름옷이 없어서 어디서 사야 할지 모르겠다"고 했더니, 엄마들이 질 좋은 티셔츠 하나를 5,000원에 살 수 있는 목동 근처 백화점 정보를 알려줬다. 만약 인터넷 쇼핑을 했거나, 근처 백화점이나 마트에서 사려고 했다면 그 2배의 돈을 줘야 했을지 모른다. 4시간 투자해서 몇만 원을 벌 수 있는 이런 소중한 모임을 왜 마다할 것인가.

하지만 안타깝게도 주변의 많은 워킹맘 중에는 "시간 아깝다"며 이런 엄마모임에 아예 참석하지 않는 이들이 있다. 또 다른 워킹맘들은 엄마모임에 어쩔 수 없이 참여하면서도 폄하하기도 한다.

"엄마모임 가면 뭐해요? 서로 친하지도 않은데 '같은 반 엄마'라는 이유로 모여서 어정쩡하게 눈치 봐가면서 앉아 있는 게 불편해요. 얼굴에 가면 쓰고 우아한 말만 하는 모임이 제 스타일에는 안 맞아요. 근데 애 때문에 학기 초에 열리는 첫 모임에는 어쩔 수 없이 나가보려고 하죠."

이 워킹맘의 말이 맞는 부분도 있다. 나 또한 처음에 그랬다. 아이가 초등학교 1학년에 입학하기 전, 모든 워킹맘이 그렇듯 '아이가 학교에 잘 적응할까' '전업주부들이 많은 엄마 그룹 사이에서 홀로 왕따가 되지나 않을까' 싶어 걱정이 많았다. 주변 워킹맘 중 상당

수가 초등학교 1학년 아이를 둔 경우인데 그만큼 압박감이 심하다. 1학년 첫 반모임에 대한 기대와 걱정 또한 다들 요란하다.

하지만 기대가 크면 실망도 큰 법이다. 커피숍의 빈 방 한 칸을 빌려 처음으로 열린 반모임은 어색하고 불편하기 그지없었다. 20명 가까운 사람이 통일된 얘기를 하기도 어렵거니와 처음 만나서 진지한 대화를 나누기도 어려웠다. 그저 옆 자리에 앉은 엄마들끼리 '누구 엄마' 라고 통성명을 한 후 "아이 짝이 누구예요?" "우리 담임선생님 어떻다고 해요?" 등등 뻔한 인사말을 나누는 게 전부였다. 엄마들 중 아이가 둘째나 셋째 자녀인 '왕고참 베테랑 엄마' 가 있으면, 초보 1학년 엄마들의 모든 눈과 귀가 그곳으로 쏠린다. 초등학교 적응 팁tip을 하나라도 건져듣기 위해서다.

늘 시간에 쫓기고 회사에서의 스피디한 회의 문화에 익숙한 입장에서 20명 가까운 사람들이 모여 앉아 삼삼오오 다른 주제로 얘기하는 게 무척 비효율적으로 느껴졌다.

"그래서 오늘 모임의 결론이 뭐예요?"

솔직히 일어서서 이렇게 묻고 싶을 정도였다.

뒤늦게 알게 된 것이지만, 여기까지는 사실 껍데기다. 비유하자면 소개팅을 하기 위한 단체 미팅이라고 할까. 전체 반모임에서 안면을 튼 이후 여학생 엄마들끼리 함께하는 '생활체육' 모임이나, 이후 그룹으로 진행되는 소모임이 이뤄진다. 진짜 친해질 수 있는 중요한 모임은 바로 소모임이다. 한 워킹맘은 언뜻 보면 전혀 워킹맘답지 않게 이런 소모임에 열심히 참석했을 뿐 아니라 전업주부들과 네트워킹을 하기 위해 어찌나 열성이었던지 혀를 내두를 정도였다.

아이가 5학년이 될 때까지 모든 엄마들한테 공통적으로 들은 얘기는 "그래도 1학년 때 사귄 엄마들이 가장 마음이 편하고 관계가 계속 이어지는 것 같다"는 것이다. 어렵고 힘들고 뭣 모르는 고충을 서로 공유하면서 사귄 엄마들이기 때문이다. 나 또한 그렇다. 1학년 때 정말 열심히 브런치 모임이나 소모임을 쫓아다닌 결과 이후 요즘은 엄마모임을 잘 나가지 않아도 큰 불편함이 없다.

얼마 전 읽은 한 신문 기사에는 워킹맘이 겨울방학을 맞아 초등학교 2학년 아들을 주말 축구교실에 보내기 위해 반 친구 2명의 비용까지 모두 댄다는 이야기가 실려 있었다. 대신 아들이 주중에 친구 집에서 방학숙제도 하고, 학원도 다닌다는 것이다. 초등학교 저학년일수록 아이들의 모든 교우관계는 엄마들에 의해 좌우되기 때문에, 방학 중 아이를 외톨이로 만들지 않기 위한 고육지책이었다.

엄마가 친구가 없으면 아이도 친구가 없는 게 요즘 현실이다. 특히 예전과 달리 함께하는 사교육 종류가 많아졌다. 아이들 체력 단련을 하기 위한 '생활체육 그룹', 수학이나 영어, 과학 등을 전문 과외교사에게 배우는 '학습 과외 그룹', 초등학교 사회에 나오는 박물관 현장을 주말에 미리 둘러보는 '체험학습 그룹', 지방 유적지들을 둘러보는 '역사체험 그룹' 등 종류도 무척 다양하다. 전업주부 한두 명이 그룹을 짜고, 이곳에 자신이 마음에 드는 엄마한테 "그룹에 같이 해볼래?"라고 권유하는 식이다. 초등학교 1학년 때 이런 소모임 하나라도 확실히 잡아두지 않으면, 엄마 친구가 없기 때문에 아이가 외로워진다.

이 때문에 아무리 바쁜 워킹맘이어도 필사적으로 전업주부들과의 소모임에 하나라도 발을 걸쳐두는 게 필요하다. 물론 초등학교 고학년이 되면, 아이들 스스로 친구관계를 맺기 때문에 엄마들끼리의 친분은 점점 약해지고 때로 무의미하게 된다. 하지만 적어도 초등학교 저학년 3~4년 동안 아이들 친구관계에서 엄마의 영향력은 막강하다. 워킹맘이 소외될 가능성이 점점 높아질 수밖에 없는 현실이 안타깝기는 하지만, 점점 굳어지고 있는 이런 문화를 엄마 혼자서 투쟁해서 바꾸기란 정말 힘들다.

물론 워킹맘끼리 고충을 나눌 수도 있다. 아는 한 워킹맘은 아예 동료 직원인 워킹맘 집 근처로 이사한 후 돌보미 아주머니를 공동으로 고용했다. 외동인 초등학교 저학년 딸아이를 위해 또래 친구를 만들어줄 수도 있고, 오후에 학원을 챙겨 보내거나 간식을 먹이는 등 자잘한 방과 후 일과를 안심하고 맡길 수 있어서 너무 좋다고 했다. 두 사람이 비용을 함께 부담하는 것도 장점이다. 이런 이유로 최근에는 워킹맘끼리 공동으로 방학을 대비해 여대생을 아르바이트로 고용하거나, 아이 돌보미가 있는 집에 비용을 더 주고 아이를 맡기는 경우도 있다고 한다.

나 또한 우리 아파트 근처에 친구가 살고 있어서 이걸 생각해보지 않은 건 아니다. 하지만 그 집에 한두 번 딸아이를 부탁했다가 너무 민폐를 끼친다는 생각이 들어 계속 보내기가 힘들었다. 친구는 방학을 맞아 오랜만에 놀러 온 우리 딸한테 잘해주고 싶은 욕심에 자기 아이까지 함께 영화를 보여줬고, 미안한 나는 퇴근하자마자 아이 셋을 외식시켰다. 집으로 돌아와서는 또 애들이 "헤어지기 싫다. 더 놀고 싶다"고 고집을 피워서 그 집에서 저녁까지 놀았다. 일상의 흐름이 깨지는 일을 반복하기란 쉽지 않다. 친구는 "학기 중에도 돌보미 아줌마 있으니까 자주 놀러오게 하라"고 했지만, 동창한테도 미안하고 딸아이도 너무 들떠하는 것 같아서 그만 포기했다. 아예 처음부터 돌보미 아줌마를 공동으로 고용하지 않은 상태에서 그런 말을 꺼내는 게 쉽지 않았다.

이래저래 정답은 없다. 다만 전업주부들과 친해지면 덕을 많이 볼 수 있다. 항상 아파트 근처를 오가며 아이들의 모습을 지켜보기 때문에 "내가 없을 때에도 내 아이를 잘 살펴봐 달라"고 부탁할 수도 있다. 실제로 아이가 초등학교 1학년 때 엄마들 덕을 많이 봤다.

"어떤 남자아이 2명이 애 뒤를 쫓아가서 피아노학원 앞에 갈 때까지 놀리는 걸 봤다." "요즘 ○○이랑 자주 친하게 지내는 것 같더라."

딸아이가 직접 말하지 않은 각종 정보를 카톡으로 받기도 하고, 출퇴근하며 만나는 엄마들한테 듣기도 했다.

하지만 전업주부와 어울릴 때는 그 '문화'를 잘 알아야 한다. 흔히 워킹맘들이 전업주부 사이에서 욕을 먹는 경우는 이런 문화를 잘 모르거나 무시할 때다.

B라는 워킹맘은 아이가 1학년 때 휴직까지 할 정도로 열정적이었지만, 전업주부 엄마와 사소한 다툼을 벌여 사이가 멀어졌다. 사건이 발생한 건 아이들 '생일잔치 모임준비' 이었다.

보통 초등학교 저학년 때까지는 친구들과 친해지기 위한 시간도 만들어줄 겸 3개월에 한 번씩 단체 생일잔치를 열어준다. 엄마들은 '야외놀이터에서 놀게 할지, 태권도학원을 빌려서 실내에서 놀게 할지' '생일잔치 메뉴는 뭘로 할지' '초대받은 친구들 선물은 뭘로 할지' 등을 모여서 논의한다. 비용을 따져보고 갹출해서 배분하며, 이 과정에서 초대문자 돌리기, 선물 및 음식 준비 등 각종 역할을 나눈다. 이런 논의 과정에서 워킹맘들은 항상 마음이 불편하다. 시간이 없다 보니 맡을 수 있는 역할도 적고, 자연스레 눈치가 보이기 때문이다.

B 씨도 마찬가지였다. B 씨의 역할은 '생일케이크 준비하기'였다. B 씨의 결정적인 실수는 토요일 열린 생일잔치 모임이 끝나기도 전에 "선약이 있어 먼저 가야겠다"고 일어선 것이었다. 생일모임을 준비하기 위해 직접 장소를 알아보고, 음식을 일일이 준비해서

차리고, 아이들과 엄마들 뒷시중을 드느라 고생했던 전업주부들 입장에서는 '얌체' 그 자체였다. 워킹맘이라 배려해줬는데, 정작 생일잔치가 끝나기도 전에 쏙 빠져버리니 좋게 보일 리가 없었다. 이후 B 씨에 대한 소문이 동네에서 쫙 퍼져버린 건 당연한 일이었다.

전업주부의 세계에서 제1원칙은 앞에서도 말했듯 '기브앤테이크' 다. '전업주부는 시간이 많으니까 이 정도는 할 수 있겠지' 라고 생각하면 안 된다.

목동 주부들의 일과를 살펴보면, '집에서 노는' 그런 일과가 아니다. 아이들 등교시킨 후 운동을 하고, 학원 스케줄을 체크하며, 각종 문화행사나 입시정보 등에 참여하는 등 자기관리를 매우 철저히 한다. 게다가 오후에만 집에서 미술학원을 열거나, 프리랜서로 일을 하는 등 '반은 직장인, 반은 전업주부' 인 경우도 많다. '전업주부들은 한가하다'는 편견을 갖는 건 매우 위험하다. 식사준비, 청소, 빨래 등 주부의 전통적인 역할 이외에 자녀 교육 전문가 역할을 하기 때문에 워킹맘 못지않게 바쁜 게 현실이다. 전업주부들은 '회사와 집을 오가는 워킹맘들은 세상 물정에 뒤늦다'고 생각한다. 이런 문화를 알지 못하고, 전업주부들과 소통하려 하면 안 된다.

내가 전업주부 엄마들과 함께 하는 체험학습 소모임에 낀 이유는 아이들을 픽업해줄 수 있는 '기브give' 역할이 있었기 때문이다. 또 미술관 관람 공짜 티켓 등이 생기면 친한 엄마들에게 가장 먼저 베

푼다. 스트레스 많은 전업주부들이 한 번씩 저녁에 모여 '맥주모임'을 가질 때면, 내가 쏠 때도 있다. 이런 오가는 정情이 있어야 친분도 쌓이게 된다.

워킹맘의 아이들은 동네에서 타깃이 되기 쉽다. 게다가 동네 놀이터에서 어른도 없이 방치된 채 계속 놀고만 있으면 모든 엄마들 입방아에 오를 수밖에 없다. 이럴 때면 '내 아이를 온 동네 공동체가 함께 키운다'는 생각으로 아이에 대한 고민을 털어놓고 주변 엄마들의 도움을 받아야 한다. '내 아이는 내가 가장 잘 안다'는 잘못된 생각을 하는 엄마들이 의외로 많지만 실상은 그렇지 않다. 아이의 학교생활, 친구관계, 성격 등 엄마가 잘 모르는 내 아이의 비밀을 친구 엄마는 아는 경우가 많다. 큰딸과 친하게 지내는 C 양의 엄마가 해준 말이다.

"작년에 전학 와보니 초등학교 6학년인 큰애 반에 왕따가 있었어요. 아빠는 의사고, 엄마는 대기업 임원인 아이였어요. 그 아이가 전학 온 우리 아이한테 자신이 왕따임을 털어놓았어요. 그 아이 엄마한테 이 사실을 알려주고 싶었지만, 반모임 한번 나오지 않은 엄마인지라 대뜸 전화로 이런 얘기를 하는 게 좀 우스울 것 같아 그만뒀어요. 결국 그 아이는 초등학교 졸업 후 대안학교를 선택했죠. 멀쩡한 집 놔두고 부모 떠나 지방의 대안학교 간다는 게 말이 돼요? 엄마가 대기업 임원이면 뭘 하겠어요. 아이한테 그렇게 마음의 상처를 많이 남긴다면, 부모로서 자격이 없는 것 아닌가 싶어요."

가슴 아팠다. 그 엄마 또한 워킹맘으로서 최선을 다한다고 생각할 것이다. 하지만 아이를 둘러싸고 있는 환경 또한 직장생활 못지않은 하나의 작은 사회다. 이 사회 또한 엄연히 문화와 질서, 나름의 규칙이 있고, 내 아이를 둘러싼 이런 환경을 잘 관찰하고 컨트롤하는 것은 이 시대를 사는 워킹맘으로서 힘들지만 꼭 챙겨야 하는 일이다. '엄마는 전략가' 라는 말이 있지 않은가.

경쟁에 지친 아이와 소통하는 법

"집이 어디세요?" 하고 물을 때 "목동인데요"라고 말하면서 나도 모르게 상대방의 눈치를 살피게 된다. 이제 대한민국에서는 자신이 사는 동네가 마치 그 사람의 정체성을 대표하는 것처럼 생각되는, 이상한 풍토가 생겨서일지도 모른다. 집이 목동이라고 할 때의 반응은 딱 두 가지다. 교육열 높은 곳에 사는 데 대한 호기심이나 부러움이 하나요, 또 하나는 약간의 질투나 무시가 섞인 비아냥거림이다.

대학 동창생의 아버지가 돌아가셨다는 소식에 동창 모임에 나갔다가 여자 동기생들끼리 둘러앉았다. 아이들 공부를 어떻게 시키는지에 대한 고민 토로를 하다가, 내가 우리 아이를 '방과 후 영어'에 보낸다고 하니까 "야, 목동은 '방과 후 영어' 도 수준이 엄청날 거 아냐"라고 했다. 그 어떤 대화를 하려고 해도 "애는 목동이니까"로 귀결되었다. '목동'은 이미 자녀 교육에 모든 걸 거는 광기 어린 엄마들이 모여 있는 곳의 상징이 되어 있었다. 좀 씁쓸했다.

하지만 막상 집으로 돌아오는 마을버스 안에서 목동에 사는 동창생과 나는 "과연 우리가 목동에 들어온 건 잘한 일일까"라는 이야기를 나누었다.

"얼마 전에 들은 이야기인데 인근 중학교 2학년 여학생이 임신을 했대. 근데 아이 아빠가 2명이라서 누구인지 모른대. 이를 어쩌니?"

목동에 사는 사람들은 다 안다. 목동에 들어오는 것만이 최선의 선택은 아니라는 것을. 하지만 지금 이 순간에도 수많은 사람들이 목동으로 이사만 하면 자녀들이 좋은 대학에 가는 줄 알고 목동으로 들어오고 있다.

이사를 하기 위해 처음 집을 구경했을 때의 충격을 잊을 수가 없다. 지은 지 30년이 넘은 집들은 외관만 낡은 게 아니라 내부까지 허름하기 짝이 없었다. 수리가 제대로 되어 있지 않은 집 중에는 귀신이 나올 법한 곳도 있었고, '이런 곳에서도 살 수 있을까' 싶은 집도 있었다. 한번은 방 1개, 거실 1개짜리 20평 아파트를 둘러보는데, 그 집 거실에는 독서실에서 쓸 법한 책장 3개만 덩그러니 놓여 있었다. 방 안에 있는 가구라고는 5단 옷장뿐이었다. 중고생 3명과 부모, 이렇게 5명이 산다고 했다. 그 부모의 교육열이 그저 놀라울 뿐이었다.

외곽에서 살다 큰딸이 초등학교 5학년 때 목동으로 이사를 온 한 워킹맘은 이렇게 말했다.

"선생님을 만나 면담을 했더니, 목동 아이들이 대부분 자존감이 낮대요. 일찌감치 너무 잘하는 애들 사이에서 치열한 경쟁을 하다 보니 충분히 역량 있고 잘하는 아이임에도 자신은 부족하다고 생각하는 경우가 많은 거죠. 그러니까 늘 주눅이 들어 있고 마음속에 스트레스가 많대요."

아이를 목동의 일반고에 보내고 있는 한 엄마는 나에게 "현실을 정확하게 알아야 한다"면서 입시 현황을 들려줬다.

"우리 아이 학교의 경우, 반에서 5등 안에 들어야 서울의 중위권 대학에 갈 수 있어. 반에서 20등 안에 못 들면 서울권 대학이나 수도권 대학도 힘들고. 초등학교 때 수학학원, 영어학원 다 보내면서 내가 들인 사교육비가 얼마인데……. 이런 거 생각하면 속이 터져서 애한테 괜히 신경질을 부린다니까."

모든 불편을 감내하고 목동에 사는 부모일수록 기대가 깨지면 보상심리가 강하게 작동할 수밖에 없다. 흔한 레퍼토리가 나오는 것이다.

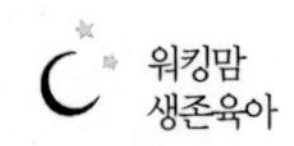

"내가 누구 때문에 이 고생을 하는데……."

이렇게 시작되는 신세한탄을 주기적으로 반복하다 보면 듣는 아이들이 심한 스트레스를 받을 수밖에 없다. 또 경쟁이 치열한 환경에서 살다 보면 계속 강도가 세지고 있음에도 그걸 자각하지 못하는 경우가 생긴다. 학교수업과 영어학원, 수학학원으로도 충분히 지쳐 있는 아이에게 국어논술학원, 영어독서학원, 주말 체험학습학원 등등 각종 좋다는 학원을 쉬는 시간 틈틈이 집어넣는다. 이것도 하면 좋고, 저것도 하면 좋기 때문에 아이를 위해서 자꾸만 욕심이 늘어갈 수밖에 없다.

학부모 초청 수업을 한다기에 딸아이 반에 갔다가 교실 뒤쪽에 적어놓은 아이들 이야기를 보고 다소 놀랐다. '하고 싶은 이야기'를 적는 코너에 "학원만 좋아하는 엄마가 싫다" "엄마 잔소리 듣기 싫다"와 같은 부정적인 이야기들이 꽤 적혀 있었다. 그에 비하면 딸과 나는 비교적 소통이 잘된다. 친구관계의 고민이나 어려움도 털어놓고, 학교에서 벌어진 이야기를 제법 잘 풀어낸다. 주변 엄마들 중에는 아이가 학교에서 일어난 일을 하나도 이야기해주지 않아서 주변 엄마한테 듣기 전에는 전혀 모른다는 경우도 많다. 특히 남자아이들의 경우 이런 증상이 더 심하다.

우리도 처음부터 사이가 좋았던 건 아니다. 이는 2년 남짓 시행착오를 겪으면서 딸과 내가 만들어낸 변화다. 당시 나는 마치 몸에 좋다는 보약이 있으면 찾아서 먹듯이, 아이와의 소통에 도움이 되는 책을 읽거나 선배 엄마를 만나거나 전문가를 만날 때마다 이것저것 좋은 방법이 있으면 기억해뒀다가 도전해보곤 했다. 큰딸이 초등학교 2학년 때의 일이다. 지방에 살고 있는 큰언니가 우리 집에 놀러 와서 하룻밤 자고 간 일이 있었는데, 두 아이를 대하는 내 양육방법을 지켜보던 언니가 뼈아픈 충고를 했다.

"란희야, 큰애를 그렇게 많이 혼내고 작은애는 자꾸 봐주면 형제간에 서열이 엉키기 때문에 안 돼. 큰애는 첫째로서의 권위를 세워주고, 작은애는 귀여워하되 언니를 인정하도록 해야 해. 특히 첫째들은 동생이 태어나는 순간 상실감과 박탈감을 많이 느끼기 때문에 둘째보다 4배 이상 표현을 해줘야 '동생과 똑같이 사랑받는구나' 하는 걸 느낀다고 하더라. 첫째한테 '언니라고 무조건 양보해야 한다'고 말하면 안 돼."

친정집은 딸만 다섯에 아들이 하나인 대식구다. 큰언니는 나보다 열 살이 많은데, 나이 든 친정엄마를 대신해 조카들이 태어날 때나 급히 SOS가 필요하면 도움을 주는 엄마 같은 존재다. 조카 11명이 성장해온 모습을 가까이에서 지켜본 큰언니는 육아 박사나 다름없다. 지금까지 아이 둘을 차별적으로 대한다는 생각을 해본 적이 없었기에, 그 이야기를 듣고 깜짝 놀랐다. 주변 엄마들은 아마 일찌감치 이 사실을 알아챘겠지만, 쉽사리 나에게 충고하지 못했을 것이

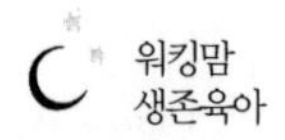

다. 소중한 충고에 감사하며, 곧바로 내 잘못을 인정하고 행동을 수정하기로 마음먹었다.

가장 큰 변화는 혼내는 모습이었다. 하루는 큰아이가 학습지 센터에 간다고 해놓고 몰래 친구 집에 가서 놀다가 학습지 센터에 가는 것을 깜빡 한 일이 있었다. 학습지 센터에서 "왜 오늘 아이가 오지 않느냐"고 전화가 왔다. 저녁 5시였다. 아이는 분명 3시쯤 간다고 했다. 아이 휴대폰으로 전화를 걸어봐도 연결이 되지 않았다. 갑자기 심장이 쿵쾅거리기 시작했다. 교통사고라도 난 걸까, 혹시 나쁜 일이라도 당한 걸까. 그러기를 10여 분쯤 지나자 울먹거리며 아이가 전화를 걸어왔다.

"엄마, 죄송해요. 조금만 놀다가 가려고 했는데……."

일단 아이에게는 괜찮다고 하고, 가슴을 쓸어내리며 전화를 끊었다. 예전 같으면 퇴근한 후 아이와 대화를 시도하다가 또 화가 치솟아 올랐을 것이다. 언니가 혼나는 모습을 옆에서 지켜본 둘째 아이는 엄마의 표정 변화를 눈치 채고 재빠르게 행동하거나 애교를 부릴 것이다. 당연히 문제아 첫째는 밉고, 모범생 둘째는 예뻐할 수밖에 없는 상황이 된다. 하지만 큰언니의 충고를 들은 후, 첫째와 대화할 때면 반드시 방문을 닫고 우리 둘만 얘기를 나눴다. 둘째가 호기심을 갖고 자꾸 방문을 흘깃거려도 절대 들어오지 못하게 했다.

혼낼 때도 큰소리를 내지 않고 다 들어주려고 노력했다. 사람들은 평균 10초 정도만 듣고 끼어들어 자기 생각을 말한다는 연구가 있다. 바쁘고 신경이 예민해져 있을 때 느릿느릿 기어가는 말투로 자기 생각을 이야기하는 아이의 말을 끝까지 들으려면 엄청난 인내가 필요하다. 하지만 신뢰를 회복하려면 이 과정을 넘겨야 한다. 그리고 꼭 강조하는 게 있었다.

"엄마는 너를 세상에서 가장 사랑한단다. 첫 번째로 주어진 선물이니까 그 사랑이 제일 큰 게 당연해. 지금도 잘못된 행동에 대해 알려주는 것일 뿐 너를 미워하는 게 아니야."

이렇게 하면 큰딸은 대화가 끝나도 자존심이 상하지 않게 된다. 동생한테 체면을 구길 일도 없다.

처음 변화를 시도했을 때 큰아이의 눈초리엔 의심이 가득했다. '엄마가 왜 이러나' 싶었을 것이다. 혼날 것 같은 분위기만 되면 아이는 얼어붙은 채 절대 자신의 속마음을 털어놓지 않았다. 나중에 알게 됐다. 사람은 '안전하지 않은 상태'에서는 마음의 문을 조금도 열지 않는다는 것을. 아이와 대화할 때는 아이 스스로 '이제 안전하구나' 하는 걸 느낄 때까지 신뢰를 쌓아야 한다. 몇 개월이 지난 후 서로 교감이 이뤄지자, 아이는 조금씩 자기의 억울함을 털어놓았다.

"나는 동생을 배려한 행동이었어요." "동생이 자꾸만 떼를 써서 너무 화가 났어요." "왜 만날 나만 양보하는지 모르겠어요." "저도 친구처럼 공부 잘하고 싶어요." "공부해야 하는 건 알지만 TV가 너무 재미있어서 계속 빠져 있었어요."

전업주부의 경우 아이와 붙어 있는 절대적인 시간이 많다 보니 싸웠다가 풀어지는 감정의 교차지점 또한 많다. 아이를 위해 싫은 잔소리를 했다가도 또 둘이서 붙어 앉아 간식도 먹고 학원도 바래다주면서 스킨십도 자주 한다. 이 때문에 정서적인 교감이 워킹맘에 비해 훨씬 좋을 수밖에 없다.

반면 워킹맘은 아이와 정서적으로 교류할 수 있는 물리적인 시간이 부족하다. 길어야 2~3시간 안에 저녁을 먹고 숙제도 봐주고 밀린 집안일까지 해야 하기 때문에 인내심을 갖고 아이의 마음을 돌봐줄 여유가 없고, 아이와 감정적으로 부딪힌 후 이를 풀기도 쉽지 않다. 엄마는 엄마대로 회사일이 급하니 다른 일에 몰두하느라 그 감정을 묻어놓는 게 편하고, 아이는 아이대로 속상하거나 억울한 감정을 공감받지 못하는 상황이 지속되는 것이다.

초등학생 때는 이런 감정이 숨어 있어 잘 드러나지 않지만, 사춘기가 시작되면 아이의 생각주머니가 커지면서 여러 부작용이 드러난다. 직업이 상담교사인 워킹맘 K 씨조차 이 같은 자녀 고민을 하고 있었다.

"우리 애가 초등학교 4학년 때 목동으로 전학 왔는데, 그때는 실력 차이가 별로 나지 않았거든요. 5학년이 되면서 수학이 확 어려워지니까 아이가 시험에서 너무 많이 틀린 거예요. 그때부터 학원을 보내고 있는데, 수학은 어렵고 흥미도 없으니까 책상에만 앉아 있을 뿐 '멍' 하니 있어요. 속이 상해 정말 미치겠어요. 왜 이렇게 아이가 미워지는지 모르겠어요."

겉으로 보기에는 수학 공부로 인한 갈등이지만, 속으로는 다른 갈등이었다. 워킹맘 K 씨는 "아이가 무슨 생각을 하는지 도무지 알 수가 없다"고 했다. 바로 이 문제였다. 아이의 마음을 알 수 없는 것!

기자 초창기 시절, 워킹맘으로 지내온 여성 리더들을 인터뷰하거나 책을 읽을 때면 늘 등장하는 말이 있었다.

"워킹맘으로서 아이한테 주는 사랑의 양은 부족해도 질은 뒤지지 않았어요. 양보다 질이에요."

하지만 직접 겪어보니 그 말은 사실이 아니었다. 배신감이 들 정도였다. 아이한테 주는 사랑이 질적 전환을 하려면 반드시 양적인 충족이 있어야 했다. 이 때문에 나는 후배 워킹맘을 만날 때면 "아이와 함께 지내는 시간을 많이 늘려야 한다"며 "질보다 양"이라고 강조한다.

일단 아이와 신뢰관계를 쌓고 난 후 대화에 나섰다. 예전에는 퇴근 후 "숙제 다 했니?" "오늘 학교 시험 잘 봤니?" 하고 물어보는 게 다였다. 부모교육 전문가들이 열린 질문을 해야 한다기에 "오늘 특별한 일 없었니?"라고 물어보기도 했다. 하지만 소용없었다. 아이가 "별 거 없었어요" 하고 대답하면 끝이었다.

사실 이건 대화가 아니다. 진짜 대화는 경험이나 생각, 감정을 우호적인 분위기에서 주고받는 '공감'이 이뤄져야 한다. 또 대화가 재미있으려면 전후 사정을 서로 알아야 한다. 어제 했던 주제를 오늘 또 이어서 해야 재미있는 법이다. 10대와 20대 때 실컷 친구와 이야기를 한 후 헤어지면서 "집에 가서 전화할게. 못한 얘기 나중에 하자"고 한 과거를 회상해보면 된다.

처음에는 아이들과 대화를 늘리겠다고 마음먹고 '10분 대화의 시간'을 가졌다. 셋이서 마주보고 앉아서 하루 일과 중 재미있거나 기쁘거나 슬프거나 충격적이었거나 하는 특이한 일들을 서로 얘기하는 시간이었다. 우선 나부터 회사에서 벌어진 이야기를 털어놓았다. 그러자 아이들은 무척 신기해했다. 엄마도 자신들처럼 회사에서 웃고 울고 하는 일이 있다는 걸 알고 귀를 쫑긋 세웠다. 둘은 경쟁적으로 각자 학교와 유치원에서 벌어진 이야기를 했다. 하지만 이 방법을 지속하기란 정말 힘들었다. 때로 회사에서 안 좋은 일이 있는 날이면 예민해져서 거르고, 몸이 피곤한 날이면 쉬고 싶어서 거르는 식이었다. 실패였다.

다음에는 잠자리에 들기 전에 셋이 나란히 누워서 함께 기도를 하는 시간을 가졌다. 각자 하나님께 오늘 하루 감사했던 일을 털어놓는 '감사기도'를 하기로 했다. 기도할 때 털어놓는 이야기를 잘 들어보면, 아이의 하루 일과가 다 들어 있었다. 평소에는 전혀 말하지 않았던 고민이나 속상함, 의외의 생각이 담겨 있어 깜짝 놀랄 때가 많았다. 하지만 이 또한 큰딸이 숙제하느라 작은딸보다 늦게 자는 일이 많아지고, 피곤할 때면 그냥 거르는 일이 생기다 보니 계속 하기가 힘들었다.

두 번의 실패를 겪었지만 얻은 게 컸다. 의식적으로 뭔가를 계속하기는 힘들지만, 대화는 얼마든지 할 수 있었다. 아침이나 저녁을 먹으면서, 설거지를 하는 엄마 옆에 서서, 아니면 퇴근하는 차 안에서 휴대폰으로 통화하면서 대화할 수 있었다. 이 때문에 딸아이의 베프('베스트프렌드'의 약자)가 누구인지, 절친(매우 가까운 친구) 5인방 사이가 왜 갈라지게 됐는지, 딸아이와 정말 마음이 맞지 않는 친구가 누구인지, 반에서 가장 장난을 많이 치는 남자아이는 누구인지 등 온갖 정보를 얻어들을 수 있었다.

뿐만 아니라 기쁘고 속상했던 나의 일과를 털어놓으며 아이들한테 공감을 받는 경우도 생긴다.

"오늘, 엄마가 지하철에서 6,000원짜리 휴대폰 케이스를 교환받으러 갔는데, 그 아저씨가 '아줌마가 여기서 물건 샀다는 증거도 없는데 내가 왜 바꿔주느냐'고 해서 속상해서 막 다퉜어."

며칠 전 이런 얘기를 했더니 두 딸이 막 거들어줬다.

"엄마, 진짜 속상했겠다. 그럴 땐 이렇게 얘기했어야죠. '아니 아저씨는 왜 사람을 못 믿어요' 하고."

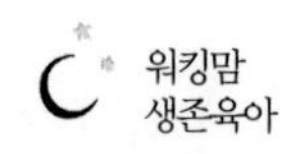

서로 공감하고 위로해주는 친구 같은 관계가 되기를 그토록 꿈꿨는데, 그날은 정말 행복했다. 그 꿈에 조금씩 다가간 느낌이 들어서였다.

결과보다는 과정, 결국 공부는 스스로의 힘으로 하는 것

'행복은 성적순이 아니다' 라는 걸 잘 알면서도, 자녀가 명문대에 입학한 회사 선배들을 보면 정말 부러운 게 솔직한 심정이다. 선배 Y 씨가 그런 경우다. Y 씨의 아들은 과학고를 차석으로 졸업한 후 서울대 공대와 연세대 의대를 고민하다 결국 연세대 의대에 입학했다. 한번은 자녀교육 비법을 전수해달라며 함께 밥을 먹었다. 식사 자리에서 Y 씨의 아들은 학원을 다니지 않은 채 학습지로 수학을 다졌다는 놀라운 이야기를 들었다.

"처음에는 아내와 엄청 싸웠지. 결국 아내의 성화에 못 이겨 수학

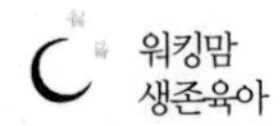

학원을 보냈어. 쉬는 날 학원 끝나기 20분 전쯤 아이 공부하는 걸 보러 갔는데 교실 풍경을 보고 깜짝 놀랐어. 선생님은 앞에서 목이 터져라 설명하는데, 아이들 중 절반 이상이 장난치거나 딴 짓을 하더라고. 그 비싼 돈 들여서 이 짓을 왜 하나 싶어 그 다음에는 아내를 학원에 데리고 갔어. 아내도 그 모습을 보고 좀 놀랐는지 결국 학원을 끊는 데 동의했어."

그 다음부터 아이들 공부는 전업주부인 아내의 몫이었다고 한다. 워낙 학습지를 열심히 해서 초등학교 때 중학교 3학년 과정의 수학 연산 진도를 나갔다고 한다. Y 씨의 결론은 이것이었다.

"학원을 보내든 집에서 시키든 중요한 건 적어도 아이가 책상에 앉아 집중해서 공부하는 습관을 잡으려면 초등학교 때 3~4년의 시간이 걸려. 중학교 때 이 습관을 잡기란 거의 불가능해. 초등학교 때 이 습관만 잡아놓으면 나중에 공부하는 것은 일도 아니지."

이 이야기를 듣고 정말 공감했다. '워킹맘 자녀들은 모 아니면 도' 라는 말이 있다. 자녀들이 명문대에 가거나 아니면 아예 학업과는 담을 쌓는 양극단을 걷는다는 뜻이다. 실제 이 이론을 뒷받침하는 다양한 임상사례가 존재한다. 사회적으로 부족함이 없는 잘 나가는 워킹맘 가운데 자녀 공부 때문에 속 썩이는 경우를 한두 번 본 게 아니다.

그 이유는 초등학교 때 학습습관이 제대로 안 잡혔기 때문일 가능성이 매우 높다. 학습습관을 잡아주는 것, 이것은 워킹맘에게 너무나 힘든 도전 과제다. 물리적 시간이 많이 필요하기 때문이다. 전업주부들 또한 학원에 전적으로 의존하거나, 초등학생 아이 공부를 돌봐주지 않고 방치하면 비슷한 사태가 생긴다.

워킹맘을 하다 전업주부가 된 한 엄마는 아이 공부 때문에 골머리를 앓고 있었다.

"어서 학원 숙제 해야지."

이렇게 아이에게 홀로 책상에서 공부하라고 했을 뿐, 숙제는 무엇인지 아이가 무엇에 자신 있는지 무엇을 싫어하는지 전혀 알지 못했다. 어느 날 그 아이가 풀고 있는 수학문제를 들여다보면서 잠깐 함께 풀어보았다. 고난이도의 사고력을 필요로 하는 수학문제가 꽤 어려웠고, 학원 뺑뺑이에 지친 아이는 문제 자체를 풀기 꺼려했다. 연산을 통해 숫자와 친해져야 하고 이걸 바탕으로 문제를 풀기 위해 적극적으로 '생각'과 '고민'을 해야 하는데, 아이는 숫자 계산이 느렸으며 문제와의 도전을 전혀 즐기지 않았다. 조금만 더 있으면 '수포자'(수학포기자) 대열에 들어설 것 같았다. 안타까웠다.

공부습관 잡는 법

'자기주도 학습'이 유행처럼 퍼지면서 너도나도 이 말을 쓴다. 하지만 스스로 계획을 세워 예습복습을 하고, 부족한 부분까지 알아서 공부하는 게 대다수의 아이에겐 버거운 과제다. 특히 저녁 늦게 퇴근하는 워킹맘에게 가장 힘든 미션이 바로 아이 '공부습관'을 잡아주는 것이다.

자녀교육 책들은 대부분 전업주부를 대상으로 하다 보니, '저녁 먹기 전에 아이 숙제를 미리 끝내도록 하라'는 걸 주문한다. 하지만 워킹맘은 저녁 먹고 설거지를 끝내면 저녁 8시 30분~9시다. 낮에 따로 '학습 시터'를 붙이지 않는 한 워킹맘이 이런 미션을 달성하기란 불가능에 가깝다. 그렇다고 초등학교 저학년생에게 "숙제는 혼자서 하는 거야"라고 말하며, 혼자 하게 내버려두면 안 된다. 언제든지 도움을 줄 수 있어야 한다.

저녁 퇴근 후 30분이라도 엄마가 아이 곁에서 숙제를 도와줄 수 있는 여건이라면, 엄마가 하는 게 가장 좋다. 하지만 엄마의 퇴근시간이 들쑥날쑥이라면, 아예 남의 손에 맡기는 게 낫다. 소규모학원이나 공부방의 경우 선생님이 엄마처럼 아이를 챙겨줄 수 있기 때문에 시스템으로 운영되는 대형학원보다 훨씬 낫다. 시험기간에도 따로 관리해주니 도움이 된다. 대형학원의 경우 아이에 대한 개별 케어가 제대로 되지 않는 단점이 있다.

흔히 고학년이 되면 저절로 공부습관이 잡힐 것으로 생각하지만, 이는 착각이다. '습관'이란 게 뭔가. 여러 번 되풀이함으로써 저절로 굳어진 행동이다. 공부습관은 나이와 상관없다. 공부습관이 있느냐, 없느냐 둘 중 하나다. 고교시절을 돌이켜봐도, 결국 공부와 성적은 의지와 습관, 이 두 가지에 의해 결정된 것 같다.

나 또한 큰아이와 함께 공부를 해보기 전에는 전혀 몰랐다. 영어학원을 다니다 그만두기를 서너 차례 할 때도 문제의 원인을 발견하지 못했다. 다만 '미국에서 살다 왔기 때문에 한국식 학원의 레벨이 안 맞거나, 너무 스파르타식으로 숙제만 많아서 잘 적응하지 못한다'고만 생각했다.

초등학교 3학년 때까지 돌보미 아줌마가 오후에 아이를 돌봤는데, 피아노학원이나 영어학원을 빼먹지 않고 꼬박꼬박 다니는 것만 챙겼을 뿐 퇴근한 후 내가 공부를 봐주지는 못했다. 아이는 만만한 돌보미 아줌마가 있는 오후에 매일 한두 시간씩 TV를 봤는데, 나는 그냥 아이한테 "TV 좀 보지 말고 책을 읽는 게 어떠냐"고 말하거나 퇴근 후에도 "알아서 숙제하라"고 말하는 게 끝이었다. 중간고사와 기말고사 때 시험공부를 위해 함께 문제집을 풀어본 게 전부였다.

뒤늦게 안 사실이지만, 아이들의 학습습관을 잡기 위해서는 '결론'이 아니라 '과정'을 지켜보고 도와주는 게 절대적으로 필요하다. 아이가 태어나서 밥을 먹을 때까지 과정과 비슷하다고 보면 된다. 처음에는 모유를 먹이다, 씹기 쉬운 이유식을 해먹이고, 그런 다음 맵지 않고 소화가 잘 되는 음식을 먹이고, 최종적으로 어른과 비슷한 식단으로 밥을 먹이는 것과 마찬가지다. 처음부터 아이가 어른처럼 '스스로' 공부를 하리라고 착각하면 안 된다. 때로 어렵고 힘든 문제가 나와도 그걸 풀었을 때의 기쁨과 성취를 느끼게 되면 나중에는 공부가 즐거워지는데, 여기까지 도달하는 데 어른의 도움이 꼭 필요하다.

이걸 몰랐던 나는 이유식을 먹어야 하는 아이한테 매운 음식을 빨리 먹으라고 재촉했다. 사실상 아이를 방치하고 있었음에도, "왜 너는 그렇게 집중력이 없느냐" "숙제를 빨리 빨리 해야지 그렇게 느려터지면 어떡하느냐"라고 하면서 아이에게 책임을 떠넘겼다. 늦었지만 그걸 알아차린 게 얼마나 다행인지 모른다.

아이와 함께 공부를 시작한 것은 초등학교 4학년이 되면서부터다. 고학년이 되자 반 아이들 대부분이 수학학원을 다니기 시작했다. 어떤 아이는 일주일에 두 번씩 수학 과외를 받고 있었다. 어느 날 분수 문제를 풀고 있던 딸아이가 이렇게 말했다.

"엄마, 근데 나는 $\frac{5}{6}+\frac{1}{6}$ 처럼 분모가 같은 분수의 덧셈과 뺄셈을 하잖아요? 근데 친구들은 $\frac{5}{6}+\frac{3}{8}$같은 분모가 다른 수도 더하고 빼 수 있어요."

그 말을 듣는 순간 깜짝 놀랐다. 딸아이 친구 중에는 벌써 방정식까지 척척 풀어내고, 쉬는 시간에 학원숙제를 하기 위해 정신이 없는 친구도 있다고 했다.

담임선생님과의 상담 또한 자극이 됐다. "수학 시간 분위기가 어떤가요"라는 질문에 선생님은 이렇게 답했다.

"아이들이 대부분 선행학습을 하고 오기 때문에 참 애매해요. 원래는 10분 동안 제가 열심히 설명한 후 나머지 시간은 문제풀이를 해야 하는데, 문제풀이를 10분도 안 돼 끝내버리는 애들이 많거든요. 수학교과서는 물론 수학익힘책까지 방학 중에 다 풀어오는 애들도 많아요. 선행학습을 해오지 않은 아이들 곁에 가서 문제풀이 하는 걸 도와주는데, 몇 명밖에 안 돼요."

선행학습을 해오지 않는 아이 중 한 명이 우리 딸이었다. 기분이 이상했다. 충격적인 이야기는 또 있었다. 반에서 모범생으로 이름난 '엄친아' 엄마와 함께 밥을 먹다가 들은 이야기였다. 그녀의 아들이 다닌 수학학원은 독특한 철학으로 유명한데, 엄마가 뒤쪽에 앉아 아이와 함께 수업을 듣는 것을 권장하는 것이었다.

"저는 초등학교 2학년 때부터 2년 동안 아이와 함께 수학학원을 다녔어요. 어려운 사고력 문제를 같이 고민하면서 풀었어요. 이제는

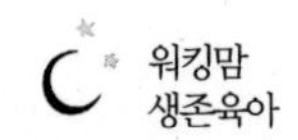

아이가 혼자서도 잘하기 때문에 다니지는 않아요. 얼마 전 아이의 수준이 어느 정도인지 테스트를 해보았더니, 영재반에 들어도 될 성적이 나와서 다행이라고 생각하고 있어요."

조심스럽게 털어놓는 그 엄마의 이야기를 듣고 입이 쩍 벌어졌다. 하지만 아무리 고민해봐도 아직 수학학원은 보내기가 싫었다. 예전에 내가 공부했던 경험을 돌이켜보면, '결국 공부는 스스로의 힘으로 하는 게 맞다'는 확고한 신념 같은 게 있었기 때문이다. 너무 일찍 학원식 수업에 젖어 수동적인 공부습관이 잡힐까봐 걱정도 됐다. 둘째 아이도 스스로 그림을 그리거나 책을 볼 수 있는 여섯 살이 되었기에 공부할 수 있는 환경도 딱 맞아떨어졌다.

퇴근 후 딸아이와 함께 집 근처 서점을 찾았다. 마침 딸도 공부에 대한 의지가 충만했다. 디딤돌수학, 완자수학, 우등생해법수학, 우공비 초등수학, 개념잡는 큐브수학, 백점맞는 수학 등 문제집 종류도 너무 많고, 각 문제집마다 스타일이 너무 달랐다. 딸과 상의한 끝에 교과수학과 사고력수학 문제집을 각각 한 권씩 골랐다.

이후 방학 한 달 동안 나는 '고난의 행군'을 해야 했다. 퇴근 후 하루도 빼먹지 않고 허벅지를 꼬집어가며 수학문제 점수를 매기고 틀린 문제를 함께 풀었다. 연산과 분수, 도형 등이 담겨 있는 교과수학은 그나마 쉬웠지만, 한 문제당 5~10분 넘게 고민을 해야 풀 수 있는 사고력수학은 대학교육을 마친 나에게도 어려운 도전과제였다.

"엄마가 문제를 푸느라 끙끙대는 모습을 보이면 안 돼. 그러면 아이가 '아, 이 문제는 어려워서 엄마도 힘들어하는구나. 내가 못 푸는 건 당연하다' 고 생각해. 학원을 보내지 않고 엄마표 과외를 하려면, 진짜 엄마가 전문가인 양 행세해야 해. 모르는 문제가 나오면 미리 답안지를 보고 공부한 후 아이를 가르쳐야 해."

선배의 충고가 떠올랐다. 모르는 문제를 미리 풀어본 후 아이와 함께 책상에 앉았다. 딸아이가 어려워하는 문제 유형이 무엇인지 금방 파악됐다. 틀린 문제를 지적한 후, 비슷한 유형의 문제를 즉석에서 내주면 곧잘 맞히고는 "와, 풀었다"며 즐거워했다. 학습지 연산과 엄마표 과외는 시너지가 났다. 꾸준히 학습지를 하면서 연산이 빨라진 딸아이의 자신감이 하루가 다르게 높아지는 게 눈에 보였다.

하지만 이 방법은 워킹맘에게 지속가능하지 않다. 방학 때 한 달 동안 반짝 문제집 두 권을 풀었지만, 너무 힘들어 학기 중에는 지지부진해졌다. '독종 워킹맘'에게나 가능한 도전이었다. 그럼에도 이 과정을 통해 깨달은 건 무척 많았다. 아이의 공부습관을 들이기 위해서는 엄마든 아빠든 누군가의 완전한 몰입이 필요하다는 것이다.

예전에 나는 일찍 퇴근해 아이와 함께 시간을 보내는 것만 해도 충분하다고 생각했지만, 실상 저녁식사를 차리거나 식사 후 설거지를 하거나 둘째 아이 목욕을 시키는 등 집안일을 하느라고 첫째 아이 공부에 관심을 집중한 시간이 거의 없었다. 하지만 아이를 위해

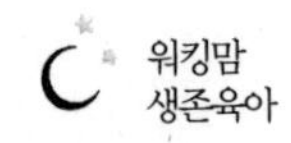

한 시간 넘게 몰입해서 시간을 보내자, 아이의 집중력에 크나큰 차이가 생겼다. 이 '비법'을 깨닫고 나니, 나머지 디테일한 부분은 금방 해결할 수 있었다.

예를 들면 일기 쓰기다. 내가 기자라는 걸 아는 주변 엄마들은 "어떻게 하면 아이가 글을 잘 쓸 수 있느냐"고 물어오는 경우가 많다. '글쓰기'는 아이뿐 아니라 어른들에게도 힘든 과정이다. 누구나 힘들어한다. 이 때문에 일찌감치 논술학원에 보내는 목동 엄마들도 많다. 하지만 나는 글쓰기에 가장 좋은 방법은 '일기를 잘 쓰는 것'이라고 생각한다. 일기만 잘 써도 생각을 정리하고, 이것을 문장으로 옮기는 훈련을 충분히 할 수 있다.

어린 시절 매일 선생님께 일기 숙제를 검사 맡던 경험을 떠올려보면, 요즘에는 학교에서 일기 숙제를 그다지 많이 챙기는 것 같지 않았다. 아이는 일주일에 세 번만 일기를 쓰면 됐고, 한 번에 몰아서 숙제를 검사하기 때문에 일요일 오후에 한꺼번에 일기를 썼다. "일기 써야지" 하면 딸아이는 마지못해 책상에 앉아서, 일기 한 개를 끝내는 데 1시간씩 걸렸다. 그러다 "좀 쉬겠다"면서 재미있는 오락 프로그램을 하나 보느라 1시간을 훌쩍 넘기고, 저녁을 먹느라 1시간을 훌쩍 넘겼다. 결국 일기 쓰기는 저녁 8시 30분이 되어서 다시 시작됐고, 피곤하고 지친 딸아이는 대여섯 줄씩 대충 일기를 쓰다 나한테 혼나는 일이 잦았다.

내 아이의 글쓰기, 어떻게 하면 좋아질까

아이가 글을 잘 쓰기를 바라면서, 그럴 여건을 아예 만들어주지 않는 엄마들이 많다. 글쓰기의 세 가지 원칙은 예나 지금이나 똑같다. '다독 多讀, 다작 多作, 다상량 多商量' 이다. 많이 읽고, 많이 쓰고, 많이 생각해야 한다. 책만 많이 읽으면 글을 잘 쓸 것 같지만, 그건 아니다. 오히려 많이 생각하고, 써보는 게 도움이 된다.

글을 잘 쓰기 위해서는 일기 쓰기를 잘 지도하는 게 중요하다. 초등학교 저학년의 경우 일기장 한 바닥을 꽉 채워 쓰는 게 쉽지 않다. 경주 불국사를 다녀온 체험기를 쓴다고 가정해보자. 주제에 따라 구성은 얼마든지 달라진다. 가장 인상적인 다보탑의 모습을 쓸지, 기나긴 교통체증에 힘들었던 느낌을 쓸지, 불국사를 둘러싼 재미있는 설화를 쓸지 아이마다 다르다.

글감이 있는 상태에서, 글을 좌우하는 능력은 '구성' 과 '문장' 이다. 구성이란 한마디로 집을 짓기 위한 설계도다. 불국사에 다녀온 아이의 경험과 생각을 논리적으로 혹은 흐름에 맞게 배치하는 것이다. 아이와 함께 대화를 하면서, 마인드맵(생각그물)을 주렁주렁 그리면 좋다. 불국사, 교통체증, 김대성 설화, 다보탑, 석가탑, 아사달과 아사녀, 무영탑, 석굴암……. 이런 그물이 주렁주렁 맺힐 것이다. 처음에는 엄마가 마인드맵을 그리는 걸 도와주고, 나중에는 아이 스스로 하도록 한다. 글 쓰는 걸 직업으로 삼은 지 15년째이지만, 나도 분량이 많은 기획기사를 쓰기 전에 미리 설계도를 그린다. 그 다음은 이런 내용을 문장으로 만드는 것이다. 짧고 간결한 문장이 좋다. 문장력은 아이 스스로 익혀나가는 것이기 때문에 엄마가 해줄 수 없다. 다만 자기가 쓴 글을 한번 소리내어 읽어보도록 하면 도움이 된다.

글에는 100점도 없고, 0점도 없다. 자기 생각을 잘 담고 있고, 남이 읽었을 때 이해하기 쉽고 감동까지 주면 더할 나위 없다. 일기든, 편지든 글을 쓰는 것은 고도의 몰입이 필요하다. 아이한테 "일기 쓰라"고 해놓고, 안방에서 TV를 틀어놓거나 전화통화를 하거나 형제자매와 시끄러운 놀이를 하면 안 된다. 또 아이의 글을 함부로 평가해도 안 된다. 맞춤법이 틀린 부분이 있으면 이를 조심스럽게 지적해줘야 한다. 글은 아이의 생각이 담긴 소중한 작품이다. 격려해주고 칭찬해주자! 글 쓰는 것, 정말 어렵다.

아이와 함께 시도한 방법은 '마인드맵mind map'을 그리는 것이었다. 마인드맵이란 자신의 생각을 지도 그리듯이 이미지화하는 것인데, 기자들이 글을 쓰기 전에 취재 내용을 구조화시키는 것과 비슷하다. 굳이 6하 원칙(누가, 언제, 어디서, 무엇을, 어떻게, 왜)을 설명하지 않더라도, 아이와 이야기를 나눈 후 핵심 키워드만 동그라미 안에 써놓으면 된다. 이 동그라미를 선으로 연결하면 훌륭한 마인드맵이 되고, 아이는 일기를 쓸 때 이 키워드를 보면서 문장을 만들어낸다.

일기 쓰는 초반에 이런 마인드맵 과정만 도와주고 나면, 나는 전혀 개입하지 않아도 된다. 시간이 지나자 아이는 스스로 일기를 쓸 줄 알고, 속도도 빨라졌다. 요즘은 몰래 일기를 훔쳐보는데, 재미있고 기발한 문장을 발견하고는 혼자 웃기도 한다. 열두 살이 되어 친구들 4명과 처음으로 외출한 날, 딸아이 일기의 첫 문장이 압권이었다.

"오늘 6시 30분에 일어나서 6시 30분에 들어온 하루였다."

이런 도움의 '과정' 없이 '결과'만 갖고 계속 혼냈다면, 딸아이의 글쓰기는 좋아지지 않았을 것이다. 얼마 전, 딸아이는 '굿네이버스 희망편지쓰기대회'에서 장려상을 받았다. 전국 4,037개 학교에서 228만 명이 참여했다는데, 신기하고 또 감사했다.

비법을 깨치고 난 후 아이에게 "수학 문제집을 풀라"고 할 때의 태도도 달라졌다. 나는 집안일을 하거나 빨래를 개면서 아이한테만 막연히 "빨리 숙제하라"고 지시하는 게 아니라, 아이와 함께 "여기까지 2페이지 푸는데 20분이면 될까" 하고 시간을 정한 후 그 시간이 끝날 때에는 체크를 했다. 혼자 단거리 마라톤을 뛰도록 내버려두는 게 아니라, 코치가 되어서 함께 뛰는 방식으로 바꾼 것이다. 누군가가 지켜보는 것과 혼자 하는 것은 그 결과가 천양지차다. 문제

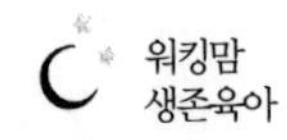

를 푸는 속도는 빨라지고, 집중력도 높아졌다. 특히 연산문제집의 경우 딸아이 스스로 시간 단축을 하겠다며 직접 도전해보는 경우도 생기고, 시간 내에 문제를 다 풀 경우 덤으로 성취감까지 얻는 효과가 있었다.

자연히 칭찬받을 일이 많아졌다. 하루에 칭찬 한마디씩만 들으면 상담받을 일이 없어진다는 말이 있다. 칭찬을 받으면 받을수록, 아이는 인정을 받기 위해 더 노력했다. 단, 칭찬에도 요령이 필요하다. 〈SBS스페셜〉 '작심 1만 시간' 과 〈EBS다큐프라임〉 '칭찬의 역효과' 에 나온 실험이다. 스탠퍼드대 캐롤 드웩Carol Dweck 교수가 뉴욕의 초등학교 5학년생 400명을 대상으로 실험을 했다. 연구팀은 먼저 아이들에게 아주 쉬운 시험문제를 풀게 하고, 아이들에게 한마디씩 직접 칭찬을 했다. 정확히 절반의 아이들에게는 "너는 참 똑똑하구나" 라고 지능에 대한 칭찬을 한 반면, 나머지 절반의 아이들에게는 "너 참 애썼구나"라며 노력을 칭찬했다.

두 번째는 아이들에게 시험문제를 스스로 고를 수 있는 기회를 줬다. 한 가지는 어려운 시험이고, 다른 하나는 쉬운 시험이었다. 노력에 대한 칭찬을 받은 아이들 90%는 어려운 시험을 스스로 골랐고, 지능에 대한 칭찬을 받은 아이들은 거의 대부분 쉬운 시험을 골랐다. 이에 대해 드웩 교수는 "아이들에게 머리가 좋다든가 재능이 있다든가 하는 말을 어른이 하게 되면 애들은 안전지향으로 살 수밖에 없다"고 한다. 괜히 어려운 시험을 골랐다가 멍청해 보일 수 있는 위험을 회피하는 것이다.

세 번째는 아주 어려운 시험문제를 냈고, 모두에게 똑같이 풀게 했다. '노력 그룹'은 어려운 문제를 반겼고, 심지어 몇몇 아이들은 그 문제를 풀었다. 반면 '지능 · 재능 그룹'은 어려움 앞에서 낙담과 실망을 했다.

네 번째인 마지막 시험은 애초의 첫 번째 시험과 동일한 난이도의 쉬운 시험이었다. 노력 그룹은 첫 시험에 비해 성적이 30%씩 오른 반면, 지능 그룹은 오히려 20% 떨어졌다.

이걸 본 이후 "넌 엄마 아빠를 닮아서 머리가 좋아" "넌 아이큐가 높아서 조금만 공부하면 올 백(100점)을 맞을 수 있을 거야"라는 말은 일절 하지 않는다. 대신 성적표를 받아든 후 노력에 대한 칭찬을 한다. 남과의 경쟁은 자존감을 떨어뜨리지만, 과거의 자신과 경쟁하는 것은 자존감을 높인다.

"우리 맏이가 요즘 너무 달라졌어. 얼마나 열심히 노력하는지 몰라."

이런 말 한마디가 아이를 바꾼다. 참 쉬운데, 예전에는 왜 실천을 못 했나 모르겠다.

친구관계를 알 수 있는 세 가지 방법

큰딸의 4학년 여름방학식 날, 반 아이들이 모두 검도장에 모여서 방학식 겸 놀이파티를 열었다. 임원엄마들이 아이들에게 김밥과 물, 옥수수 등 음식을 차려주었다. 신문지를 둥글게 깔아서 둘러앉아 식사를 할 수 있게끔 대여섯 개 그룹을 만들었다.

"애들아, 점심 먹자. 자자, 앉아요."

순식간에 아이들 그룹이 만들어졌다. 너무 순식간이어서 깜짝 놀랐다. 특히 여자아이들은 서로 강력한 친분이 있어 보이는 또래 집단이 두 그룹 있었는데, 상대측 아이들과는 같이 노는 내내 대화도 별로 하지 않았다. 담임선생님 말씀이 떠올랐다.

"여학생들은 벌써 그룹이 만들어져 있습니다. 5학년이 되면 더욱 심해지는데요, 아직은 초창기여서 다행이지요. 하지만 심할 경우 그룹끼리 신경전을 넘어서 다툼까지 벌어지기 때문에 유심히 잘 살펴보아야 합니다."

고학년일수록 친구관계가 좋지 않으면 이것이 공부나 성적에까지 영향을 미친다. 초등학교 4학년 여학생을 딸로 둔 동료 워킹맘은 얼마 전 6개월가량 일을 쉬면서, 비로소 아이가 왜 그토록 학교생활을 힘들어했는지 알게 됐다고 했다.

"딸아이가 학교에서 친한 친구와 사이가 나빠져 혼자서 마음고생을 엄청 했더라고요. 사춘기가 좀 일찍 왔는지, 그것 때문에 학교 가는 것도 싫어하고 성적도 자꾸 떨어지고. 그걸 엄마가 모르고 있었으니……. 일을 쉬지 않았더라면 정말 몰랐을 것 아니에요. 아찔해요, 지금도."

일을 잘하는 사람은 자신의 전문 분야에 대한 정보와 네트워크가 좋다. 엄마 역할도 마찬가지다. 아이가 학교생활이나 친구관계에 잘 스며드는 데 도움을 주려면, 정보와 네트워크가 필수적이다. 하지만 이 두 가지가 없는 워킹맘은 아무리 한 동네에 오래 살아도 빈껍데기에 불과하다.

워킹맘들이 가장 약한 것이 바로 아이들의 친구관계다. 친구관계

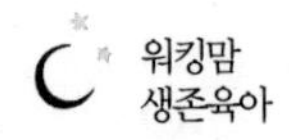

를 알 수 있는 방법은 세 가지뿐이다. 아이한테 직접 듣거나, 관찰하거나, 아니면 다른 엄마한테 듣는 것이다. 다른 엄마들은 좀처럼 얘기하지 않는다. 잘해봐야 본전이라는 것을 알기 때문이다. 아이들은 기억력이 짧기도 하고 엄마와 평소에 세세한 것 하나하나를 나누는 사이가 아니라면 모든 걸 일일이 듣기는 힘들다. 전업주부와 달리 워킹맘들은 아이 곁을 맴돌면서 관찰할 수도 없다.

한번은 친한 엄마들과 치맥(치킨과 맥주)을 먹는데, "사춘기가 시작되는지, 고학년 여학생 중에 유독 욕을 많이 하는 아이들이 있다"는 얘기를 들었다. 지목된 아이들은 안타깝게도 대부분 워킹맘의 자녀들이었다.

전문직 워킹맘 J 씨의 두 아이는 반에서 거칠기로 유명했다. 오빠는 지나칠 정도로 말이 많고 산만했으며, 여동생은 싸움도 잘하고 욕도 잘했다. 늘 바쁜 엄마와 아빠 대신에 할머니가 모든 육아를 책임졌는데, 초등학교 저학년 아이 둘이 동네 놀이터에서 노는 일이 잦았다. 반 엄마들 모두 그 아이가 욕을 많이 하고 친구관계도 그다지 원만하지 않다는 점을 알고 있었으나, 엄마를 자주 볼 수도 없었거니와 끝내 그 엄마한테 말할 수 없었다.

아이 친구 문제, 어디까지 개입해야 하나

초등 저학년은 저학년대로, 고학년은 고학년대로 아이의 친구 문제는 엄마에게 늘 조마조마하다. 특히 여자아이들은 워낙 '내편 네편' 가르는 성향이 있고, '베프'나 인기 있는 아이를 서로 차지하려는 갈등 등 각종 문제가 터져나온다. 친구가 많지 않은 내성적인 아이인 경우 엄마의 고민은 더 커진다.

우선 아이 친구 문제에 관한 원칙은 '불가근 불가원不可近不可遠'이 좋다. 너무 가까이하지도 말고, 너무 멀리하지도 말라는 뜻이다. 아이가 싸운 친구 때문에 힘들어하는 걸 알아도, 섣불리 개입하면 안 된다. 아이는 자신의 입장만을 얘기하기 때문에, 그 말을 곧이곧대로 믿어서도 안 된다. 언제 싸웠느냐는 듯 금방 화해하기 때문에 폭력까지 가지 않은 경우라면, 좀 지켜보는 편이 낫다.

하지만 친한 친구관계가 깨지거나 삼각관계가 되는 등 삐걱거리면, 엄마는 이런 상황을 알고 계속 예의주시해야 한다. 아이의 커다란 스트레스 원인이 되기 때문이다. 속상한 마음을 들어주고, 때로 아이 편이 되어 응원도 해줘야 한다. 괜히 속상한 마음에 "너는 왜 그렇게밖에 못했니"라고 아이를 타박하는 건 도움이 안 된다. 친한 친구 엄마, 혹은 반 대표엄마를 통해 친구관계에 얽힌 상황을 대충이라도 들어보는 게 좋다.

특히 엄마가 아이보다 더 걱정하는 모습을 보이는 건 금물이다. 속마음은 타 들어가더라도 절대 티를 내지 말라는 게 선배맘들의 조언이다. "다 괜찮아 질 거야"라고 아이를 안심시키고, "엄마도 네 나이 때 그런 일이 있었다"고 얘기해주고, "네 곁에는 언제나 엄마와 아빠가 있다"며 말해주자. 사랑받고 자존감이 높아진 아이는 금방 어려움을 극복할 수 있다.

자신의 아이가 친구관계에서 문제를 일으켰음에도 그걸 인정하지 못하는 워킹맘도 있다. 초등학교 2학년 때 전학을 온 C 군은 방치된 워킹맘 아이에게서 나타나는 전형적인 모습을 보였다. 딸아이는 짝꿍이 된 C 군이 너무 놀리고 괴롭혀서 힘들다고 매일 하소연했다. 초등학교 1~2학년 때면 짝꿍 때문에 서로 사이가 나빠지는 여자아이 엄마와 남자아이 엄마가 한두 명이 아니다. 참다못한 여자아이 엄마가 선생님을 찾아가 "짝을 바꿔 달라"고 하면, 자연히 남자아이 엄마와 껄끄러운 관계가 된다. 그런 일을 익히 알기 때문에 나는 "짝 바뀔 때까지 한 달만 참아라"고만 했다.

그러나 며칠도 지나지 않아 사달이 났다. 딸아이와 친구 B 양 둘이서 우리 집에 놀러오다가 아파트 1층 입구에서 C 군과 장난꾸러기 A 군을 마주친 것이다. 두 녀석은 여자아이들이 못 지나가게 막았고, "비키라"는 말에 더욱 세게 막았다고 한다. 밀치는 와중에 C 군이 B 양을 때렸고 맞은 아이는 울면서 엄마한테 달려간 것이다.

"언니, 얘기 들었어요? 아니, 어떻게 그 놈들이 우리 애를 때릴 수가 있어요? 그 놈들 언니 반이라면서요? 그 애들 엄마 연락처 좀 주세요. 내가 당장 전화할 거예요."

회사에서 일하고 있는데, 흥분한 B 양 엄마가 전화를 걸어왔다. 그냥 넘어갈 기세가 아니었다. 하는 수없이 같인 반인 내가 중재를 해야 했다. 장난꾸러기 A 군 엄마한테 자초지종을 설명한 후, 저녁 8시에 동네 놀이터에서 엄마 4명이 같이 만나야 할 것 같다고 했다. 문제는 C 군 엄마였다. 전화를 걸어도 제대로 받지 않았고, 피드백도 해주지 않았다. 문자를 남긴 후에야 겨우 전화통화가 됐는데, 별로 대수롭지 않다는 투였다. 자신은 오늘 저녁 약속이 있다면서, 아이 할머니를 대신 보내겠다고 했다. 4자 회동에 나온 C 군 할머니의 태도도 좀 어이없었다.

"우리 손자가 정말 그런 게 맞아요? 손자한테 물어보니까 그런 적 없다고 하는데……."

B 양 엄마는 흥분해서 방방 뛰었다. A 군 엄마는 "미안하다" "화 풀었으면 좋겠다"며 사과를 하다 결국 눈물까지 쏟았다. 하지만 C 군 할머니는 끝까지 잘못을 깨끗하게 인정하지 않았다. 오히려 C 군의 누나가 "동생 때문에 죄송하다"고 사과했다. C 군은 이후 다른 사정

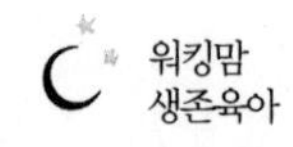

때문에 전학을 갔는데, 생각할 때마다 가슴이 아팠다.

고학년이면 고학년대로, 저학년이면 저학년대로 아이의 친구관계는 어렵다. 특히 스스로 친구관계를 맺지 못하는 초등학교 저학년생을 둔 워킹맘은 어쨌든 친구를 만들어줘야 한다는 심한 스트레스를 받는다. 초등학교 1학년 때 한 워킹맘은 "우리 아이를 잘 부탁한다"며 하루 월차를 내고, 반 아이들을 대부분 집으로 초대했다.

초등학교 저학년의 경우 아이만 놀게 내버려두는 전업주부 엄마는 거의 없다. 아이들끼리 다툼이 벌어질 가능성이 높기 때문에 반드시 엄마들까지 함께 이동한다. 10명이 넘는 엄마와 아이들이 좁은 집에 들어가다 보니, 인구 밀도가 너무 높아서 숨이 막힐 정도였다. 밥을 먹을 상도 모자라서 거실에서 신문지를 깔고 분식을 시켜 먹었다. 그 워킹맘은 제대로 살림을 하지 않다 보니 밥그릇도 부족했고, 식사 후 커피와 과일 같은 후식도 부족했다. 아이들은 신이 나서 2시간 넘게 놀았지만 엄마들은 조금 불편했다.

반면 전업주부로 잔뼈가 굵은 엄마들의 경우 서로 마음이 통하는 친구를 개별적으로 초대한다. 함께 놀기에 무리가 없을 정도인 4~5명 정도를 집으로 초대하고, 시간이 되거나 친분이 있는 엄마들은 간단한 과일이나 먹을거리를 싸들고 가서 자연스럽게 모임을 한다.

아이가 초등학교 3학년쯤 되면 친한 친구끼리 하룻밤 동안 노는, 이른바 '파자마 파티'를 하기도 한다. 큰딸도 친구 집에 몇 번 파자마 파티 초대를 받았는데, 전업주부 친구 엄마의 정성에 놀란 적이 많다. 아이들이 좋아하는 저녁식사와 간식을 마련하고, 같이 DVD 영화도 볼 수 있도록 하거나 함께 점토놀이를 할 수 있도록 하는 등 준비가 철저했다. 그리고 엄마들이 걱정하지 않도록 카톡 단체방을 만든 후 아이들이 함께 어울려 먹고 노는 사진까지 찍어서 올려줬다. 딸아이는 "우리도 제발 파자마 파티 좀 해 달라"고 졸랐지만, 도저히 자신이 없어서 한 번도 초대하지 못했다.

대신 나는 틈날 때마다 우리 집 문을 활짝 열어두었다. 아이가 친구를 집에 데려오는 걸 적극 환영했다. 격주로 돌아오는 마감에는 출퇴근 시간을 아끼려고 재택근무를 하는 경우가 있다. 이때는 1분 1초가 아깝기 때문에 집안 꼴도 말이 아니고 나 또한 몸만 집에 있을 뿐이지 아이들을 전혀 돌봐줄 수 있는 처지가 되지 못한다. 그럼에도 불구하고 엄마가 집에 있는 날이면 아이는 어김없이 서너 명의 친구들을 집으로 끌고 왔다. 여자아이들이라 특별히 거칠게 노는 것도 아니었다. 이 장난감, 저 장난감을 만지다가 피아노를 치다가 책도 읽다가 학원 시간이 되면 한두 명씩 빠져나갔다.

친구를 집에 초대하면, 아이는 우쭐해한다. 자신이 아끼는 장난감을 자랑할 수도 있고, 이런저런 신기한 것을 보여주면서 '주인 행세' 하는 걸 즐긴다. 한번은 같이 체험학습을 다녀온 딸아이 친구 셋이서 헤어지기 싫다면서 우리 집에 오겠다고 했다. 체험학습 하느라

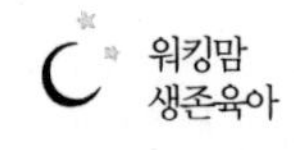

하루 종일 서울 시내를 돌아다닌 직후라서 피곤에 절어 눈꺼풀이 내려앉는 듯했다. 엄마들은 모두 안 된다고 말렸지만, 아이들이 애걸복걸하기에 오케이 했다. 방도 2개뿐이어서 좁은 데다 초등생 4명에 다섯 살짜리 둘째 꼬마까지 5명을 건사할 생각을 하니 한숨이 나왔다. 하지만 어쩌랴. 평일에는 불가능한 미션이지만, 그나마 토요일이라 가능하니 '아이를 위해서라면' 해야 했다.

어차피 놀아주기로 마음먹은 것이니 화끈하게 해줘야지 싶었다. 캠핑용 텐트를 꺼내 아이들과 함께 거실에 커다란 텐트를 쳤다. 그 속에 담요를 깔았더니 환호성을 쳤다. 원래 아이들은 텐트나 이불을 쳐놓고 그 속에 숨어들어가 노는 걸 좋아한다. 배고프다는 아이들을 위해 김밥과 라면을 준비해 텐트 안으로 넣어줬더니, 아이들은 낄낄대며 해치웠다. 그걸 추억하기 위해 사진도 찰칵 한 장 남겼다. 몸은 피곤했지만 다른 엄마들에게 진 빚을 갚는 느낌이었다.

워킹맘이 아이와 소통되지 않으면, 친구관계에서 큰 실례를 하게 될 수도 있다. 한번은 반모임을 열다가 약간 어색한 상황이 벌어진 적이 있었다. T 군의 엄마는 워킹맘이었는데, 전업주부인 엄마가 그녀에게 이렇게 말했다.

"T 군이 요새 매일 우리 집에 와서 놀아요. 어찌나 이것저것 간식도 잘 먹는지 몰라요."

이 말을 들은 T 군의 엄마는 얼굴이 붉어지며, "어머 애가 매일 그 집에 놀러 가는 줄 몰랐어요"라고 미안해했다.

나도 그런 경험이 있다. 초등학교 3학년 때 옆 동에 사는 딸아이 친구 엄마와 길을 가다가 우연히 마주쳤는데, "요새 아이가 우리 집에 자주 놀러오는데, 너무 귀엽고 활발하다"고 말했다. 깜짝 놀랐다. 딸아이는 한 번도 그 집에 놀러갔다는 얘기를 안 했기 때문이다. 눈치가 없고 순수하기만 한 아이들은 자기 마음대로 친구를 초대하고, 초대를 받은 친구는 예고도 없이 놀러간다. 하지만 친구 집에 놀러가는 것도 하루 이틀이지, 너무 잦으면 그 엄마한테는 큰 실례가 된다.

이날 이후 아이에게 "친구 집에 놀러 갈 때는 반드시 엄마한테 얘기하고 허락을 받은 후 가야 한다"고 다짐을 받았다.세상에 공짜는 없는 법이다. 한두 번 신세를 졌으면, 다음번에 그 아이를 우리 집에 초대하든지 아니면 고마움의 표시로 그 엄마에게 과일이나 쿠키와 같은 작은 선물을 하는 게 예의다.

초등학교 저학년은 엄마들의 개입이 심하다 보니 아이 싸움이 엄마 싸움으로 번지는 경우가 흔하다. 특히 싸움이 벌어져 상대방 아이가 다치게 되면, 이유야 어찌됐든 무조건 백배사죄하는 게 좋다. 큰딸이 초등학교 3학년 때 담임선생님한테 전화가 걸려왔다.

"오늘 체육시간에 아이들이 좀 다쳤습니다. 앞에 서 있던 남자아이가 장난을 치는 바람에 아이가 뒤로 넘어져 깔리면서 G 양의 코와

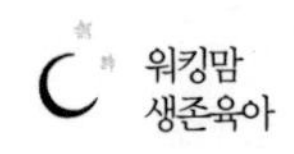

정면으로 부딪쳤습니다. 아이 잘못은 아니지만, G 양 어머님이 많이 속상해하니 전화 한 통만 부탁드릴게요."

전화를 받고 나니 난감했다. 교통사고로 치면 우리 딸 또한 앞차 때문에 사고를 당한 3중 추돌사고의 피해자일 뿐 가해자도 아닌데, 왜 사과 전화를 해야 하는지 언뜻 이해가 가지 않았다. 하지만 입장을 바꿔 생각하니 피해자인 G 양 엄마 입장에선 '피해자만 있고 가해자는 없는' 상황에 무척 화가 날 것 같았다. 사과 전화를 걸기로 마음을 바꿔먹었다.

"안 그래도 엑스레이를 찍으러 병원에 갔다 왔어요. 다행히 코뼈가 붓기는 했는데, 금이 간 것은 아니기 때문에 수술할 필요는 없다고 하네요. 괜찮아요. 그 집 아이 잘못도 아닌데……. 그래도 나중에 우리 아이가 커서 코뼈에 문제 생기면 책임져야 해요.(웃음)"

"미안해서 어쩌느냐"며 백배 사죄하는 내 전화에 G 양 엄마는 속상함이 많이 풀렸다. 이후로도 그 엄마를 만날 때마다 나는 "아이 코는 괜찮은지" 항상 물어본다. 반면 "내 아이가 그럴 리 없다"는 태도를 지닌 워킹맘들의 경우 꼭 엄마들끼리 다툼이 일어난다. 받아들이기 어렵더라도 항상 "내 아이도 그럴 수 있다"고 마음을 바꿔먹지 않으면 안 된다.

한편 고학년이 되면 친구관계에서 엄마의 영향력은 점점 옅어진다. 아이 스스로의 힘으로 친구를 만들고 사귀기 시작한다. 이때 엄마의 역할은 '어드바이저Advisor'이다. 알고 있되 모르는 척하는 노하우가 필요하다.

초등학교 4학년이 되자 큰딸의 친구관계는 복잡 미묘해졌다. 매일 학교 등교를 같이하는 친구 그룹, 쉬는 시간에 같이 노는 친구 그룹, 초등학교 1학년 때부터 '절친'을 맺은 친구 등 종류가 다양해졌다. 하지만 셋이 뭉쳐 다니던 와중에 친구 둘이 다투게 되자, 딸은 둘 사이를 오가며 난감해했다.

이후 2학기에는 또 다른 친구 4명이 뭉치게 되고, 그 안에서 '비밀 절친'이 만들어지는 등 새로운 국면을 맞이했다. 나는 이런 과정을 쭉 지켜보기만 할 뿐 개입하지 않았다. 개입할 수도 없었다. 아이가 속상해하면서 이런 저런 이야기를 털어놓으면, 그저 "아, 그랬구나" "어머 속상했겠다" 하고 공감만 해주면 됐다.

여자아이들의 경우 워낙 '끼리끼리 문화'가 강하기 때문에 다툼이 생겨 또래그룹에서 배척되면 상처가 무척 크다. 이럴 때 엄마가 위로해주고 격려해주며 힘을 북돋아줘야 한다. 카카오톡을 통해 요즘 아이들의 대화법을 잘 지켜보는 것도 필요하다. 친구들보다 늦게 휴대폰이 생긴 딸아이는 4학년 2학기에야 카카오톡을 깔 수 있었다. 처음 딸아이는 반 아이들 전체가 사용하는 '반톡' 에도 초대되지 못했다. 뒤늦게 반톡에 가입하려면 아이들 모두의 승인을 받아야 하는데, 한두 명이 "싫다"고 해버리면 딸을 초대하는 아이가 부담스러워 결국 초대를 포기하게 되는 구조였다.

충격적인 건 이뿐만이 아니었다. 그나마 절친 그룹끼리 하는 '소모임 그룹 채팅방'에 B 양이 딸을 초대했는데, 그룹 멤버들의 사전 동의를 받지 않고 딸을 초대한 걸 두고 대놓고 비난하는 카톡이 오고 갔다. 상식으로는 도저히 이해가 되지 않았다. 뻔히 친구가 초대돼서 글을 다 지켜보고 있음에도 이런 글이 오고 가는 건 친구를 모욕하는 것이 아닌가. 하지만 아이들은 이런 글을 전혀 거리낌 없이 썼고, 딸도 별로 개의치 않았다.

그나마 딸은 와이파이가 터지는 곳에서만 카톡을 할 수 있게끔 '규제'를 해놓았는데, 아이들이 쓰는 카톡의 행태를 보니 걱정이 태산이었다. 친구들을 모조리 다 초대해놓고 쓸데없는 한두 마디 글을 10개, 20개씩 쏟아내고 낄낄대는 개념 없는 아이도 있었고, 그 아이한테 "제발 정신 차려라" "다시 한 번 초대하면 가만 안 둔다"며 욕하고 카톡방을 탈퇴하는 아이도 있었다. 학기 마지막 날 선생님께 해드릴 깜짝 파티 준비를 의논하기 위한 반톡에는 순식간에 300개 가까운 카톡이 난무하기도 했다. 카톡으로 한 아이를 집단 왕따시키는 일이 너무 쉽게 일어날 것처럼 보였다. 청소년폭력예방재단을 방문했을 때 상담팀장이 하던 말이 떠올랐다.

"학교폭력 중 사이버폭력이 3배 이상 빠르게 늘어나고 있어요. 떼카(카카오톡 그룹 채팅에서 여러 명이 한 명을 괴롭히는 것), 와이파이 셔틀

(피해학생의 3G, 4G를 공유해 사용하는 것으로 금품갈취에 해당)도 많아요. 이뿐 아니라 유명 예능프로그램에 나온 모바일 메신저 '돈톡'은 '펑 메시지 기능'(수신자가 메시지를 확인한 후 일정 시간이 지나면 메시지가 사라지는 것)이나 '메시지 회수' 등으로 메시지를 보낸 흔적을 없앨 수 있어 사이버폭력의 주요한 수단으로 악용되기도 해요." (청소년폭력예방재단에 따르면, 사이버폭력은 2012년 4.5%에서 2013년 14.2%로 증가했다.)

바빠서 늦게 퇴근하는 워킹맘이나 아이와 소통이 잘 되지 않아 카톡 비밀번호를 모르는 워킹맘의 경우 내 아이가 속으로 곪아가도 전혀 모를 수밖에 없는 상황이 벌어지고 있다. 아이의 정서를 잘 어루만져주는 '친구 같은 엄마'가 되지 않으면 안 되는 이유다.

학교일에 참여하는 방법도 여러 가지

"우리 한번 모여야 하지 않을까요?"

낯선 이로부터 카카오톡 채팅이 왔다. '드디어 올 것이 왔구나' 싶었다. 지난해 큰딸이 학급 부회장으로 뽑혔을 때의 일이다. "얼마든지 임원 엄마로서 역할을 할 수 있다"고 딸한테 큰소리쳤지만 내심 걱정이 많았다. 회장 엄마가 점심을 사준다기에 근처 한식집에서 첫 만남이 이뤄졌다. 임원 엄마 4명 중 워킹맘은 나 혼자뿐이었다. 두 명은 전업주부였고, 한 명은 재택 미술 선생님이었다.

"안녕하세요. 저도 회장은 처음이라서요. 잘 부탁드려요. 1학기 동안 저희가 할 일이 많네요. 5월 학교 운동회가 있고, 체험학습도 있으니 담임선생님 도시락도 챙겨야 하고……."

회장 엄마의 이야기에 속으로 한숨이 푹푹 나왔다. 엄청난 부담감이 밀려왔다. "담임선생님은 절대 오지 말라고 하는데, 교실이 엉망일 테니 청소는 그래도 해야 하지 않겠느냐"면서 가능한 날짜를 모아보자고 했다. 딸의 담임선생님은 초등학교 교사가 된 지 2년밖에 안 된 분이었다. 엄마들이 학교에 오는 것에 대해 엄청 부담스러워하시는 모양이었다. 뭐가 뭔지 모르는 나는 눈만 껌뻑껌뻑한 채 그저 다른 임원 엄마들이 하는 이야기를 듣고만 있었다.

드디어 교실 청소를 하러 가는 날이 되었다. 회사에서 조금 일찍 나와 오후 4시에 맞추기 위해 미친 듯이 운전을 해서 헐레벌떡 학교로 뛰어 들어갔다. 학생들이 모두 하교한 교실에서 선생님은 수업준비를 하고 있었다. 어색한 첫 인사가 끝나고 본격적으로 청소가 시작됐다. 처음에는 어쩔 줄 몰라 하시던 선생님은 이내 포기한 듯 컴퓨터만 쳐다보고 있었다. 선생님이 있는 교실에서 우리는 바닥을 쓸고 닦고, 유리창 먼지를 털어내고, 책상과 의자를 걸레로 닦았으며, 교실 뒤쪽에 있는 사물함도 정리했다.

'아니 청소를 왜 엄마가 하는 거야. 학생들이 해야지. 아니면 학교에서 청소 도우미를 고용해서 하면 되는 거 아닌가.'

처음에는 이런 생각이 들었다. "이러니까 워킹맘이 죄인 되는 거 아냐!" 하고 기자들한테 불만을 쏟아냈다. 하지만 막상 청소를 하다 보니 그리 부정적으로 볼 것만은 아닌 것 같았다.

'그래, 우리 아이들이 사용하는 교실인데, 아이들이 평소에 하기 힘든 대청소를 1년에 한두 번 엄마가 도와주는 자원봉사를 할 수도 있지. 이걸 청소 전문 도우미를 쓰려면 전국의 학교에 드는 국가 예산이 엄청날 거 아냐.'

이렇게 생각하자 청소도 즐거웠다. 청소를 끝내자 선생님은 고생한 우리에게 믹스 커피를 한 잔씩 대접해주셨다. 조심스럽게 학급 분위기도 물어보고, 이후 학사일정도 좀 물어보고, 각자 아이들이 학교에서 잘 지내는지 등등 이야기를 나눴다.

"반 전체 아이들이 하나의 공동체라는 걸 좀 느꼈으면 해서 '사랑의 온도탑'을 하려고 합니다. 서로 힘을 합쳐 미션을 이룰 때마다 온도를 높여가고, 그때마다 선물이 주어집니다. 맨 마지막 100도가 되면 가까운 산에 놀러갈 겁니다."

선생님의 열정에 감전되는 것 같았다. 청소를 끝내고 나오면서 베테랑 전업주부 임원 엄마들은 "열정은 좋은데, 애들 공부를 덜 시킬까 봐 좀 걱정이다" "이 열정이 쭉 이어지면 좋을 텐데" 하고 한마디씩 했다.

이렇게 시작된 임원 엄마 역할은 7월 방학 때까지 5개월 정도 이어졌다. 누가 "워킹맘인데 임원 엄마 역할을 할 수 있을까요"라고 묻는다면 "본인 하기 나름"이라고 말할 것 같다. 워킹맘이 임원 엄마 역할 하는 것을 두고 이런저런 편견이 많다. 학교 측에서도 전업주부가 아닌 워킹맘이 전교 회장 엄마가 되면 난감해한다는 소문이 떠돌기도 한다. 한국 문화에서는 충분히 가능한 이야기다. 남자 및 여자 회장 엄마는 한 학기 동안 학교 외곽의 모든 걸 책임진다. 엄마 네트워크를 관리하고, 반 아이들의 모임을 주관한다. 때로 이 과정에서 학교 행사가 있을 때면 교사를 돕는 역할을 맡을 때도 있다. 초등학교 1학년의 경우 체험학습 때 안전사고가 일어나지 않도록 임원 엄마들이 동행하기도 한다.

목동에서 임원 엄마들의 한 학기 일정을 정리해보니 아래와 같았다.

- 학급 임원들과의 첫 만남 미팅
- 학급 대청소를 겸한 담임선생님 면담
- 반 전체 엄마모임 주관

  이날 반 전체 엄마들의 휴대폰번호가 적힌 연락처를 코팅해와 모두 나눠준다. 전체 카톡을 통해 참석 가능한 인원수를 체크하는데, 첫 모임에는 대개 20명 안팎의 많은 엄마들이 참석한다. 이때 식사비용은 임원엄마들이 갹출해서 내는 경

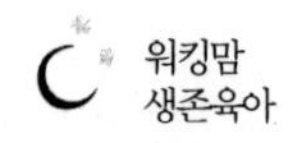

우가 많다.

- 개교기념일 등에 반 전체 학생들 놀이 모임 주관

날씨가 좋으면 바깥에서, 날씨가 흐리면 태권도장을 빌려서 2~4시간 남짓 아이들을 놀게 하는 모임이다. 이때 엄마와 아이들이 먹을 수 있는 점심식사를 주문하고, 간식과 후식, 음료 등을 임원 엄마들이 준비해야 한다. 이때 비용은 참석자들이 각자 분담한다.

- 학교 행사 도우미 역할

운동회나 체험학습 때 반 아이들 간식이나 선생님 도시락을 챙긴다.

- 학기 중간 체험학습 다녀오는 틈을 활용해 교실 대청소

이 일정은 강제적인 게 아니라 시간이 되는 엄마만 가자고 해서, 나는 바빠서 가지 않았다.

- 학기 기말고사 끝난 이후 엄마들 저녁 모임 주관

원래 반 엄마모임은 낮에 하는 게 원칙이지만, 내가 "워킹맘을 배려해 저녁시간에 치맥(치킨과 맥주)을 하자"고 주장하여 저녁에 한 번 모였다.

- 학기 말 대청소 및 담임선생님 면담

학기 말 대청소는 빠지기 힘든 분위기였다. 한 학기 동안 고생하신 선생님께 커피와 케이크를 사갖고 가서 가볍게 감사인사

를 나눴다.

- **종업식 날 헤어지기 아쉬운 반 아이들을 위한 쫑파티 모임**

  종업식 날 오전 11시에 모든 수업이 끝나다 보니, 대부분 이런 놀이모임을 갖는다. 원래 근처 공원에서 시간이 되는 아이들만 모여 놀기로 했으나, 비가 온다고 해서 우리는 근처 검도장을 빌려 놀았다.

5개월 동안 낮 시간에 학교 일정으로 참석한 건 총 네 번이었다. 나머지는 점심이나 저녁시간이어서 회사 일정에 큰 방해를 받지 않았다. 물론 초등학교 저학년은 전업주부 엄마들의 열정에 따라 이보다 모임이 더 많을 가능성이 높다. 하지만 초등학교 고학년이 되면 월차나 반차만 쓰고도 임원 엄마 역할을 충분히 해낼 수 있을 것 같았다. 오히려 시간을 내기 어려운 문제보다 전업주부 문화에 대한 이해가 부족한 게 더 큰 어려움일 수도 있다는 생각이 들었다.

반모임을 하나 준비하려면 각자가 맡아야 할 책임이 있다. 일단 사전준비로 날짜 정하기, 장소 결정하고 미리 예약하기, 음식 메뉴 정하기, 후식이나 간식 준비하기, 반 전체에 알리고 참석자 확인하기 등이 있다. 그런 다음 행사 당일에는 아이들이나 엄마들 뒤치다꺼리하기, 비용 정산하기 등 자잘한 일거리가 많다.

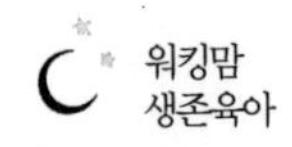

후식이나 간식만 해도 그렇다. 아이들이 놀다가 마실 물을 30개씩 사야 하고, 각자가 헷갈리지 않도록 이름표까지 써서 미리 붙여와야 한다. 장소 또한 마찬가지다. 대부분 비슷한 날짜에 모임을 갖기 때문에 아파트 근처 태권도장이나 검도장 등을 미리 섭외해놓지 않으면 장소를 잡기 힘들어진다. 일일이 전화해보고 비용이 얼마인지도 사전에 확인해야 한다.

4명이 이 일을 비슷하게 분담해야지, 처음부터 "워킹맘이라고 봐달라"는 식으로 나오면 안 된다. 상대적으로 시간이 많은 전업주부들이 장을 보고 음식 준비를 했는데, 대신 나는 사무실에서 빨리 할 수 있는 일(예를 들면 '카톡으로 참석자 확인하기' 나 '장소 섭외하기' 등)을 맡아서 했다. 그래도 계속 미안한 마음이 들어 임원 엄마 역할을 벗는 날, 나는 "일하느라 잘 도와주지 못해서 미안하다"며 점심식사를 대접했다.

워킹맘 중에는 아예 학교와 담을 쌓고 지내는 이들도 있다. "전업주부 엄마들의 치맛바람이 싫다"는 이들도 있고, "시간도 없고 여력도 없는데, 괜히 민폐 끼칠까 봐 학교 일에 참여하는 게 겁난다"는 이들도 있다. 예전의 나 또한 "일하는 엄마를 초등학교에 급식 도우미로 부르는 것은 또 하나의 폭력"이라고 주장했다. 이런 생각이 깨진 것은 미국 시애틀 생활 2년을 겪으면서다.

딸아이가 2년 동안 다닌 공립 프리스쿨인 '쇼어라인 칠드런센터'

는 5~7세 아이들을 위한 어린이집 · 유치원 같은 곳인데, 학급 수만 해도 5개가 넘는 미니 학교에 가까웠다. 이곳은 가히 '학부모의 노력 봉사를 먹고 자란다' 고 해도 과언이 아니었다. 학기 초가 되면 저녁 7시쯤 '학부모 전체 미팅' 이 이뤄졌다. 우리나라에서도 학기 초 '학부모 모임'이 열리는데 그것과는 조금 다르다. 우리나라의 학부모 모임은 낮에 열리고 학교 교장선생님과 담임선생님이 학사 일정을 일방적으로 알린 후 각 학급별로 봉사할 임원 엄마를 뽑는 반면, 미국에서는 교실에 빙 둘러앉아 각자 부모들끼리 자기 소개하는 시간을 가지는 등 좀 더 편안한 분위기였다.

딸아이 프리스쿨의 경우 4월에는 "운동장에 잡초가 무성하니 오는 토요일에 학부모들이 와서 잡초를 함께 뽑아 달라"는 편지가 왔고, 9월에는 "학교 시설 보수를 위한 기금 마련 파티를 하니, 각자 와서 저녁도 사먹고 기증받은 중고책도 저렴하게 사달라"는 편지가 왔다. 이런 날이면 학교 운동장에는 학부모들이 타고 온 차량이 빼곡했다. 1년에 최소 서너 차례 이런 학부모 초청 행사가 있었다. 우리 가족도 빼먹지 않고 행사에 참여했는데, 학교를 위해 기꺼이 자발적인 봉사를 하는 학부모와 이를 기쁜 마음으로 받는 학교의 신뢰관계가 정말 부러웠다.

프리스쿨에서는 부모의 봉사만 받는 게 아니라, 부모를 위한 특별 이벤트도 마련해줬다. '프라이데이 나잇Friday Night' 이라고 해서, 금요일 저녁에 10달러만 주면 학교에서 아이들을 최소 3시간 남짓 돌봐주는 것이었다. 육아에 지친 부모들이 마음 놓고 저녁 외식도 즐기고 영화도 한 편 볼 수 있도록 학교에서 아이들을 맡아주는 서비스였다. 당시에는 둘째 아이가 너무 어려서 시도해보지는 못했지만, 이런 서비스가 있는 게 부러웠다.

당시 우리가 살던 아파트에는 초등학생을 둔 한국인 주부들이 많았는데, 그들도 대부분 학교 봉사를 하나씩 하고 있었다. 가장 많이 하는 봉사는 '학습 준비물 돕기' 였다. 색종이를 잘라서 붙이는 등 가위로 하는 작업은 굳이 영어를 쓰지 않아도 될 뿐 아니라, 손이 큰 서양인들에 비해 동양인들이 훨씬 잘한다. 한 엄마는 미국인 선생님들이 한국인 주부들의 솜씨에 탄성을 지르며 엄청 좋아한다고 했다.

가장 감동적인 자원봉사자는 주차 봉사원이었다. 프리스쿨로 진입하는 2차선 도로는 비보호 좌회전이었는데, 등하교 때면 늘 같은 분이 수신호를 하면서 차량 진입을 도왔다. 비가 오나 눈이 오나 그곳에 있었다. 그녀를 보면서 한국에 돌아가면 나도 꼭 학교를 위해 도움이 될 만한 작은 봉사라도 하고 싶다는 생각을 참 많이 했다.

미국의 경험에 비춰보면, 아직 우리나라 학교는 관료적이고 폐쇄적인 것 같다. 학부모의 치맛바람과 소문도 많고 까딱 잘못 하면 교육청 민원까지 받아야 하니, 피해의식을 지닌 학교가 담장을 지속적으로 높여온 면도 있을 것이다. 하지만 학교 담장이 높으면 높을수록 결국 그 누구에게도 득이 되지 않는다. 학교와 부모가 자주 소통하면 할수록, 서로 믿고 이해하는 폭이 늘어날 텐데…….

이런 생각으로 딸이 초등학교 1학년 때 녹색어머니회 봉사를 했다. 학기 초 학부모 모임에서 "봉사해줄 어머님들은 신청하라"는 담임선생님의 말씀에 엄마들은 모두 서로 눈치만 봐가며 쭈뼛쭈뼛거렸다. 임원 엄마는 도저히 할 자신이 없고, '도서관 봉사'는 일주일에 두 번씩 낮 시간에 봉사해야 하니 불가능했다. 할 수 있는 건 녹색어머니회뿐이었다.

"치맛바람이 센 엄마들은 녹색어머니회 봉사를 별로 안 좋아한대. 초등학교 1학년 때는 선생님을 최대한 많이 만나야 하는데, 학교 앞에서 깃발 들고 봉사해봤자 아무도 몰라주잖아."

딸의 친구 엄마는 이렇게 얘기했지만, 그냥 한번 해보고 싶어서 자원했다. 근데 맨 위쪽에 이름을 쓰는 바람에 '녹색어머니회 반대표'가 되어버렸다. 게다가 1학년 1반이라는 이유로 자동적으로 '1학년 전체 녹색어머니회 대표'가 되어버렸다.

결과적으로 딸 친구 엄마 말이 맞기는 했다. 1년에 여섯 번씩이나 학교 앞 신호등에 서서 1시간 넘게 호루라기를 불고 깃발을 들었지만, 선생님과는 대화 한번 못 나눴다. 게다가 미리 배정된 날짜에 봉사하기로 한 엄마가 펑크를 낼 경우 대타가 없으면 꼼짝없이 반대표인 내가 대신 봉사해야 했다. 당시 작은아이가 네 살이라 아침 7시 50분에 나가서 1시간 동안 서 있으려면, 아침 시간에 남편이 도와주든지 아니면 일찌감치 어린이집에 맡겨야 했다. 겨울에 1시간 넘게 서 있으려니 발가락이 꽁꽁 얼어붙는 것처럼 힘들기도 했다.

하지만 보람도 컸다. 한번은 깜빡거리는 신호등을 뛰어서 건너가던 아이가 도로 한복판에 물건을 떨어뜨린 적이 있었다. 신호가 빨간색으로 바뀐 줄도 모른 채 물건을 찾을 생각 하나만으로 아이는 도로 한가운데로 나왔다. 마침 눈앞에서 승용차 하나가 속도를 내고 달려오고 있었다. 심장이 벌렁벌렁거렸고, 나와 맞은편의 엄마는 젖 먹던 힘까지 짜내서 "휘~휘~휘~" 호루라기를 세게 불고 깃발을 내린 채 차량을 막았다. 십년감수한 순간이었다. 다행히 그 해 학교 등하교 길에 교통사고가 한 건도 없었고, 얼떨결에 된 '녹색어머니회 1학년 대표 엄마' 라는 타이틀 덕에 표창장까지 받았다.

딸이 2학년 때는 1시간 동안 나눔과 봉사에 관한 프레젠테이션 자료를 준비해 '일일교사' 를 한 적도 있다. 뒤쪽에 선생님이 서 있어서 부담스럽기는 했지만, 딸의 반 친구들 이야기도 들어보고 학습 분위기도 파악할 수 있어서 좋았다. 딸은 내내 엄마를 자랑스러워했다.

관심만 갖고 있으면 학교에 참여할 수 있는 방법은 제법 있다. 예전에는 학부모모임을 할 때 100% 엄마만 참석했으나, 요즘은 아빠들도 여럿 눈에 띈다. 그만큼 문화가 바뀐 것이다. 이렇게 내 아이가 다니는 학교에 대한 애정과 관심이 높아지면, 우리도 언젠가는 미국처럼 학교와 학부모 사이에 신뢰가 쌓이는 날이 오지 않을까 싶다.

입시도 정보전쟁, 엄마의 역할이 커지는 시대

얼마 전 휴대폰으로 문자메시지가 왔다. "초3~중3 학부모 대상 자사고 · 특목고 대비전략 특강. 선착순, 예약전화 필수"라고 적혀 있었다. 시간은 저녁 8시부터였다. 워킹맘을 배려한 시간대였다. 이런 입시전략 설명회는 오전 10시 혹은 오후 1~2시에 시작하는 경우가 대부분인데, 저녁시간대라서 한번 가보고 싶은 호기심이 생겼다.

조금 늦게 도착했더니 20여 명의 엄마들은 이미 노트 필기를 열심히 하며 특강을 개최한 수학학원 임원의 설명을 듣고 있었다. 2시간 남짓 설명회를 들으며, 머릿속이 하얘지는 느낌이 들었다. '아!

선행학습이 이렇게 초등학교에까지 당연시되는 이유가 있었구나' 싶었다.

"어머님, 고등학교 입학할 때 300등 하다가 고 2~3학년 때 정신 차리고 바짝 공부해서 좋은 대학 가던 시절은 이미 끝났어요. 이젠 그럴 수가 없는 시스템이 되었습니다. 어떤 고등학교에 입학하느냐, 거기서부터 명문대를 갈 수 있는지 없는지가 판가름 납니다. 자, 2014년 서울대 합격자를 많이 낸 고등학교 순위입니다. 특목고, 자사고를 뺀 일반 고등학교가 몇 개나 됩니까."

헉, 정말이었다. 대원외고, 서울과학고, 용인외고, 경기과학고, 서울예고, 하나고, 세종과학고, 상산고, 민사고, 한국영재고, 명덕외고……. 얼마 전 신문에 나온 기사 중 엄마들 사이에서 화제가 된 기사 그대로였다.

"2014년도 수능 점수 자료 분석 결과, 국어 · 수학 · 영어 표준점수가 높은 고등학교 100곳을 추려보니 대부분 특목고와 자사고요, 평준화 지역 일반고는 딱 2곳에 불과하다."

이뿐인가. 어떤 기사에는 "학생 1인당 사교육비는 중학교가 연 평균 320만 4,000원으로, 초등학교(278만 3,000원)나 고등학교(267만 6,000원)보다 더 많다. 특목고나 자사고가 명문대로 가는 코스로 자리매김하면서 입시경쟁이 초 · 중학교 때부터 시작하기 때문이다"라고 되어 있었는데, 이 모든 것이 사실이었다.

강사는 그러면서 연세대 의대에 수시 합격한 한 여학생의 생활기록부 샘플을 보여줬다. 무려 27페이지에 달했는데, 다양한 진로, 동아리, 자율활동과 연간 105시간의 봉사활동, 자세한 세부능력 및 특기사항 등이 빼곡히 담겨 있었다.

"학교 생활기록부는 서류 평가에서 가장 중요한 역할을 합니다. 중학교 1학년 때부터 자신의 진로를 향해 준비하고 노력해온 모습이 서류에 모두 담겨 있어야 합니다. 아이 혼자서 이걸 준비할 수도 없고, 교사가 일일이 맞춤형으로 준비시켜줄 수가 없습니다. 결국 누가 해야 합니까? 엄마가 해야 합니다. 그러니 어머님들이 정신을 바짝 차리셔야 합니다."

면접 또한 까다롭기 때문에 50권 이상의 독서활동은 기본이라고 했다. "어떤 종류의 면접 질문이 나오느냐"고 물어봤다.

"실제 면접에 나온 질문 두 가지를 예로 들어볼게요. '사회가 사람을 만드느냐, 사람이 사회를 만드느냐'라는 질문도 있었고요. 꿈이 의사인 학생에게 '과학기술의 한계, 자신의 능력 한계로 인해 해당 환자의 병을 고치지 못할 경우 이 환자에게 어떤 위로를 해줄 것인가' 라는 면접 질문도 있었습니다. 단순히 말 잘하는 학생을 선발하는 게 면접이 아닙니다. 반드시 배경지식과 콘텐츠가 있는 답변이 필요합니다. 이런 식의 질문은 평소 책을 많이 읽고, 생각을 논리적으로 정리해본 습관을 들이지 않은 학생들이 답하기 힘들지요."

내친 김에 따로 상담을 받아봤다. “수학학원을 한 번도 다니지 않은 초등 고학년 큰딸은 도대체 무엇을 어디서부터 시작해야 하는지” 물어봤다. 이곳에서 알려준 선행학습의 진도였다. 상上~중상中上의 실력이면 중학교 2~3학년 과정을 선행학습하고, 중상中上의 실력이면 중학교 2학년 과정을 배우고, 중하中下 실력이면 중학교 1학년부터 중학교 2-1학기 과정을 배운다고 했다. 나는 또 물었다. “그럼 중학교 때는 뭘 배워요?”

“어머, 어머님. 중학교 때는 고등학교 선행해야죠. 중학교 3학년 때 고등 수학 1, 2를 다 끝내놓아야 해요. 그래야 고등학교에 가서 심화와 반복학습을 제대로 할 수 있어요.”

학원 원장이 답답하다는 듯 쳐다봤다. 원장은 “초등에서 최소 현 학년의 2년 정도 선행해야 경시, 심화수업이 가능하다”며 “지금도 늦지 않았으니, 학원을 믿고 맡기라”고 했다.

중학생도 되기 전에 영어학원, 수학학원으로 뺑뺑이를 돌아야 하는 데에 이런 입시의 ‘비밀(?)’이 숨어 있을 줄이야. 가슴이 답답해지고 막막했다. 하지만 며칠 후 강남 지역에서 주부 리포터로 일하고 있는 친구를 만난 후, 한숨은 더 깊어졌다.

“2018년부터 영어 절대평가가 도입되면 국어와 수학에서 승패가 갈릴 가능성이 높아. 특히 여학생의 경우 절대적으로 취약한 수학이 대입의 발목을 잡을 수도 있잖아. 게다가 자사고가 일부 폐지되면 다시 강남 명문학군이 뜰 거라고 보고 있어. 근데 나도 초등학교 3학년짜리 아들을 올해부터 수학학원을 보내고 선행학습을 시키고 있는데 잘하는 짓인지 모르겠어. 아이는 학원 가기 너무 싫어하는데, 학원을 안 다니는 애가 없으니까 집에 있어도 마땅히 놀 애들이 없어. 학원을 보내보면 뭐하니? 뒤치다꺼리는 모두 엄마 몫이야. 숙제를 잔뜩 내주기 때문에, 그 숙제를 했는지 안 했는지 확인하느라 아들이랑 만날 싸워."

친구와 나는 첫아이를 키우는 초보 학부모이자 갈팡질팡하는 전형적인 부모였다. 친구는 속칭 '대치동 빠꿈이' 아줌마의 아들 대학입시 과정을 지켜보면서, 불안감이 증폭됐다고 했다.

"이 엄마는 모르는 학원이 없고, 유명한 선생님 정보를 모두 알고 있을 만큼 정보가 많았어. 아들이 제법 공부를 잘했는데, J대 논술전형으로 합격했어. 명문대인 Y대에 보낼 수 있는 성적이었는데, 수시원서를 쓸 때 '그래도 혹시 모르니까' 하는 마음으로 썼는데 덜컥 붙었어. 한번 붙고 나니까 Y대에 아예 응시할 기회가 없어지잖아. 많이 속상해하지, 학벌 프리미엄이 평생 가니까……."

친구에 따르면 강남에서는 자녀를 잘 코칭해서 명문대에 보낸 전업주부를 '코디네이터맘'으로 고용하는 워킹맘도 있다고 했다. 입시정보와 시간이 부족한 워킹맘들이 자녀의 학습 · 진로 컨설팅을 아예 맡겨버린다는 것이다. 코디네이터맘들은 내신 관리부터 특별활동, 봉사활동, 자기주도 학습 등 자녀의 커리어에 맞게 맞춤형 컨설팅을 해준다고 한다. 알고 보니 목동에도 이런 코디네이터맘이 있었다.

어찌됐든 결론은 "엄마가 자녀 입시를 위해 함께 달릴 각오를 해야 한다"는 것이었다. 그동안 우리 부부는 늘 "아이만 잘하면 됐지 부모 역할이 뭐가 중요하냐. 괜히 일찍부터 아이 잡으면 안 되고 고등학교에 가서도 자기만 열심히 하면 충분히 승산 있다"고 말해왔는데, 그건 반만 맞고 반은 틀린 얘기였다.

얼마 전까지만 해도 "초등학교 때 너무 지치게 하지 말라"고 충고하던 시댁 형님은 조카가 고3에 가까워지자 전혀 뜻밖의 얘기를 했다.

"입시 설명회에 가봤더니 특목고와 자사고를 빼면 일반고는 완전 찬밥 신세야. '일반고 나와서 명문대 가는 건 낙타가 바늘구멍 통과하기'랑 똑같대. 얼마나 기분이 나쁘던지……. MB정부 때 자사고가 처음 생길 때만 해도 분위기가 이렇게 바뀔 것이라고는 생각을 못했어. 몇 년 전만 해도 일반고가 이런 취급받는 분위기가 아니었다니까. 눈 깜짝하는 사이에 바뀐 거야. 성적 좋은 애들을 자사고와 특목고에서 다 뽑아가고 나니까 일반고가 슬럼화된 거지. 나는 그걸 모르고 있다가 지금 와서 후회하잖아. 동서도 일찌감치 신경을 써야 해."

머릿속이 점점 더 복잡해졌다. 이뿐 아니었다. "애가 크면 연산실력은 자연스럽게 늘어나는데 왜 굳이 연산기계를 만들려고 학습지를 하느냐"고 충고했는데, 최근에는 180도 다른 이야기를 했다.

"나도 잘못 생각했어. 연산이 가장 기본이던데……. 문제가 어려워서 못 푸는 게 아니라 연산 기초가 탄탄하지 않아서 연산이 느리다 보니 시간이 없어서 못 풀 때도 많고, 복잡한 연산식을 실수하기도 하더라고. 연산을 반드시 시켜야겠더라."

초등학교 저학년 때까지만 해도 크게 고민을 하지 않았던 입시에 대한 부담이 고학년이 되면 슬슬 다가오기 시작한다. 당장 선행학습은 어디까지 시켜야 할지, 학원은 어디가 좋을지 등 아이의 학습 스케줄을 모두 엄마가 짜야 하는 현실이다 보니, 보통 고민되는 게 아니다. 게다가 이런 학원 정보는 엄마모임에 나가 공개적으로 물어볼 수도 없다. 웬만큼 친하지 않고는 잘 이야기하지 않는 엄마도 많다.

초등학교 1학년 때 딸의 영어학원을 어디로 골라야 할지 몰라서, 꽤 친절해 보이는 한 엄마한테 물어봤지만 그 엄마는 "그냥 뭐 작은 데 다녀요" 하면서 끝내 말해주지 않았다. 초등학교 4학년 때 꽤 친해졌다고 생각한 엄마임에도 처음 몇 번은 절대 수학학원을 안 가르쳐줬다. 같이 밥도 먹고 술도 마신 이후에 마음이 열리자, 자신이 알고 있는 목동의 수학학원 정보를 쫙 알려주었다.

"대형학원은 H학원과 R학원이 있는데, 장단점이 있어. 레벨별로 반이 쫙 나뉘는데, 뒤늦게 들어가서 레벨이 낮은 반에 들어가면 자존심이 엄청 상해. 학원에서는 상위 레벨만 챙기니까. 그나마 대형

학원 중에서는 R학원이 낫다고 하더라. 아직 수학학원을 안 다녀봤다면, S학원을 추천해줄게. 원장님 마인드도 좋고, 문제풀이 과정을 중시하기 때문에 엄마들이 좋아해."

이렇듯 엄마 네트워크가 없으면 정작 아이가 고학년이 되어서 학원을 골라야 할 때 난감하다. 학원은 다녀보지 않으면 내부 시스템을 알 수가 없다. 원장의 현란한 말솜씨에 혹해서 등록했다가, 아이와 맞지 않거나 시스템이 별로이거나 숙제만 너무 많거나 등등 온갖 이유로 갈등이 생긴다. 새로 학원에 등록하면 교재도 사야 한다. 괜히 한 달 다니고 학원을 그만두면 교재 값도 모두 날려버린다. 아이 또한 마찬가지다. 학원 한 곳을 정해 진득하게 오래 다녀야지, 자꾸 이곳저곳을 옮겨 다니면 아이는 '아! 힘들면 학원을 바꾸면 되는구나' 하고 생각하게 된다. 집 근처 학원 정보를 알 수 있는 방법은 주변 엄마들 평판이 거의 유일하다. 엄마 네트워크가 없는 워킹맘은 전업주부에 비해 학원 정보를 알아내느라 몇 배 더 노력해야 한다.

딸아이가 우선 학습지 러닝센터에서 수학을 공부하기로 선택하기까지도 여러 네트워크를 가동해야 했다. 초등학교 교사 생활만 20여 년 해온 셋째 언니한테 먼저 개론을 익혔다(언니는 부산에 살기 때문에 그걸 감안하고 들어야 한다).

"4학년부터 달리기에는 너무 빨리 지쳐. 5학년부터 엉덩이를 의자에 붙이고 앉는 습관을 갖춰야 하니까 그때 보내도 늦지 않아. 꼭 보내려고 하면 대형 학원 말고, 공부방이나 소규모 보습학원을 보내. 아이들 공부습관을 꼼꼼히 잡아주니까. 공부방 다녀도 수학을 잘하는 아이들이 많아. 아이가 좋은 수학학원 다니는 데 위안을 삼고 아이를 제대로 지켜보지 않는 엄마들이 많은데, 그러면 절대 안 돼. 엄마 몰래 답안지만 베껴서 학원숙제를 내고 건성으로 다니는 애들도 많아. 어설프게 선행학습을 해놓으면 '저거 학원에서 배운 거다' 라면서 아이들이 제대로 모르면서 아는 걸로 착각하는 경우가 많거든. 초등학교 때는 연산 실수를 줄이고, 수학을 어려워하지 않고 자신감을 갖도록 해주는 게 중요해. 대신 읽고 생각하고 글을 쓰는 것은 좀 중요해. 반드시 책을 많이 읽게 하고, 그걸 글로 정리해보는 훈련을 해야 해."

그런 다음 친하게 지내는 딸 친구 엄마한테 물어봤다. 운이 좋게도 친한 전업주부 엄마들은 털털한 성격이 많고, 워킹맘인 나를 배려하느라 잘 알려주는 편이다. 큰딸을 자사고에 보낸 한 엄마는 "학원 얘기는 절반만 믿어야 한다"며 "선행학습은 학원의 마케팅과 엄마의 불안이 합쳐서 만들어낸 상품"이라고 잘라 말했다.

"학원에서 선행하는 걸 보면, 초등학교 한 학기 수학 과정을 2~3개월에 끝내거든. 기본 문제집 풀고, 심화 · 복습을 조금씩 건드려주고 계속 다음 진도를 빼는 거야. 그러면 엄마들이 좋아하거든. 초등학교 때는 모르는데, 중 · 고등학교가 되면 수학 성적이 확 떨어지는 애들이 있어. 왜 그럴까? 어려운 문제를 스스로 풀어보는 연습이 부족해서야. 학원을 다니면, 결국 시간이 모자라고 학원 페이스대로 따라갈 수밖에 없어. 근데 소규모 심화 과정을 운영하는 학원은 많지 않아. 생각해봐. '3시간 수학학원 갔다 왔는데 문제 5개 풀고 왔다' 고 하면 좋아할 엄마가 있겠어? '아이가 지금 6학년 과정을 공부하고 있다' 고 해야 좋아하지. 결국 선택은 엄마의 몫이야. 단, 만약 학원을 보내기로 마음 먹었으면 학원을 전적으로 믿고 의지해야 해. '학원 수업이 뭐 이래? 숙제는 왜 이렇게 많아? 이걸 왜 하는 거야?' 라는 식으로 조금이라도 불평이 있는 것처럼 말하면, 아이는 그걸 바로 눈치 채거든. 아이가 학원 수업을 느슨하게 해버려."

그나마 나는 같은 교회에 다니는 선배 엄마들이 주위에 산다. 가장 마음 편하게 아이 학원 정보를 물어볼 수 있는 분들이다. 이분들은 정말 아낌없이, 모든 정보를 탈탈 털어서 가르쳐준다. 한 집사님은 "R학원이 그나마 대형 학원 중에서는 평이 좋은 편이고, D학원은 사고력수학을 가르치는데 어렵지만 잘 따라갈 수 있으면 좋고, S학원은 비용이 꽤 비싸지만 어려운 문제를 끈기 있게 풀어주는 곳으로 소문나 있다"며 "그룹으로 수학 과외를 잘하는 선생님도 알고 있으니, 관심 있으면 연락처를 주겠다"고 했다.

그룹스터디의 경우 나에게도 제안이 온 경우가 몇 번 있었지만 다 거절했다. 초등학교 2학년 영어 그룹스터디를 해본 후 그룹스터디는 안 하기로 마음먹었기 때문이다. 그룹스터디는 시작은 쉬워도, 중간에 마음이 안 맞거나 사정이 생겨서 빠져야 할 때 쉽게 그만두지 못한다. 과외 선생님께 주기로 한 비용을 4명이 갹출해서 분담하는 구조이기 때문에, 한 엄마가 중간에 그만둬버리면 나머지 엄마들의 비용 부담이 커진다.

게다가 그룹스터디는 아이들끼리 작은 다툼이 생길 수도 있고, 그 속에서 공부를 잘하는 아이와 못하는 아이 간에 갈등이 생길 수도 있는데, 자칫하면 엄마들끼리 '원수지간'이 될 수도 있다. 아이가 '학원식'보다는 '공부방식'의 개별적인 관리를 받기 원한다면, 차라리 소규모 학원이 낫겠다고 생각했다.

내 아이에게 맞는 학원 선택 요령

강남과 목동뿐 아니라 일명 '학원가'로 유명한 동네의 경우, 학원 수준은 평준화돼 있다. 영어학원이든, 수학학원이든, 논술학원이든 학원마다 스타일이 다를 뿐이다. 초보엄마가 흔히 하는 실수는 학원 원장이나 선생님의 말에 이리저리 휘둘리는 것이다. 학원을 선택할 때는 명확한 기준이 있어야 한다. 첫째가 아이의 성향이요, 둘째가 원하고자 하는 목표다. 대형 학원은 말 그대로 시스템과 커리큘럼이 강점이다. 아이가 학원에 적응을 잘하고, 많은 양의 숙제도 혼자 잘하는 성향이라면 대형 학원을 보내면 된다. 학원에 고용된 선생님들은 하루에도 수십 명의 아이들을 가르치기 때문에, 이곳에서도 우등생이 아니면 주목받기 힘들다. 자칫하면 학원 명성만 높여주고, 내 아이한테는 큰 도움이 되지 못할 수도 있다.

반면, 소규모 학원은 커리큘럼보다 선생님의 영향력이 크다. 아이와 함께 상담을 받고, 수업 분위기도 살펴봐야 한다. 주변 엄마들의 경험담도 참고해보면 좋다. 학원에 보냈더라도 안심하고 내버려두면 안 된다. 많은 학원들이 '잡은 집토끼는 관심이 덜하고, 바깥에 있는 새토끼는 관심이 많다' 는 게 대체적인 평이다. 아이가 수업은 재미있어 하는지, 실력은 어느 정도 좋아지는지 가끔씩 전화로라도 상담을 하면, 학원도 긴장감을 갖는다.

아이가 학원을 다니기 싫어하는 데는 대부분 이유가 있다. 숙제가 너무 많아졌거나, 커리큘럼이 재미없거나, 친구관계에 문제가 있는 등등. 문제가 생기면 바로 학원 측과 상담을 통해 이를 해결하고, 그래도 해결되지 않는다면 학원을 옮겨야 한다. 하지만 학원을 하나 옮기는 게 그리 만만한 작업이 아니다. 다른 스케줄도 고려해야 하고, 또 다른 학원 시스템에 적응해야 하기 때문이다. 잘못하면 '학원 메뚜기족' 이 될 위험도 있다. 학원을 한번 선택하면 적어도 1년 넘게 다닐 수 있도록 신중히 고민해야 한다.

직접 추천받은 수학학원도 찾아가봤으나, 닭장처럼 생긴 교실에서 수학 수업을 하거나 문제를 풀고 있는 아이들 모습을 보니 아직은 마음이 내키지 않았다. 결국 우리는 엉덩이 힘도 기르고, 자기 주도적인 학습이 가능하며, 비용도 10분의 1로 저렴한 학습지 러닝센터를 택했다. 학습지 교사가 직접 오는 게 아니라, 아이가 학습지 러닝센터까지 가서 문제를 스스로 풀어본 후 선생님께 검사를 맡는 식이어서 우리 아이한테 잘 맞을 것 같았다.

학원에 다닌 지 1년이 넘었는데, 아이는 "교과수학과 사고력수학도 하고 싶다"며 과목을 늘려왔지 "가기 싫다"는 소리는 하지 않는다. 주변에 수학학원 때문에 아이와 싸우거나 골머리를 앓는 경우가 워낙 많다 보니 우리집은 얼마나 다행인지 모르겠다.

초등학교 고학년 때는 학원 정보지만, 중고등학교 때는 입시 정보가 필요하다. 아직 겪지는 않았지만 입시 정보도 똑같은 패턴일 것 같다. 이래저래 엄마의 역할이 커지는 시대다. 워킹맘의 다크 서클도 깊어질 수밖에 없다.

CHAPTER 4

누군가가 '삶의 우선순위가 일이냐 가정이냐' 고
물어볼 수도 있다.
그런데 그건 '엄마가 좋니, 아빠가 좋니' 만큼
의미가 없는 질문이다.

100명의 엄마에겐 100가지 육아법이 존재한다

엄마와 편집장,
둘 다 포기할 수 없기에
균형이 중요하다

2012년 초 내가 편집장으로 합류할 때만 해도 조선일보 〈더나은미래〉는 2주에 한 번씩 일요일 오후에 섹션지면을 제작했다. 오후 3~4시부터 마감이 끝나는 저녁 8시 무렵까지 꼼짝없이 격주 주말 근무를 해야 했다. 남편이 갑작스레 일요일 출근을 해야 하거나, 외부 일정이 있을 때마다 급하게 아이들을 돌봐줄 분을 구하는 게 보통 일이 아니었다. 그럴 때면 스트레스 지수가 최고조에 달했다. 그날도 마찬가지였다.

"형님, 혹시 일요일 오후에 잠깐 저희 애들 좀 봐주실 수 있으세요?"

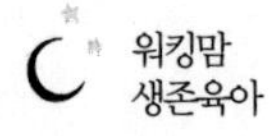

먼저 시누이에게 전화했다.

"어떡하니. 나 일요일에 초등학교 동창생들과 산행이 잡혀 있는데."

두 번째로 손윗동서인 시댁형님한테 전화했다. "돌봐줄 테니 데리고 오라"고 했지만, 차량에 아이를 둘씩이나 태워 경기도까지 데려다주고 회사일이 끝나면 또 데리러 갔다가 밤에 목동으로 돌아오려니 너무 번거롭고 부담스러워 포기했다. 큰딸 친구 엄마를 떠올렸지만, 일요일 오후에 남의 집에 아이를 맡기는 것도 내키지 않았고 손이 많이 가는 네 살짜리 꼬맹이까지 아이를 둘씩이나 부탁하려니 엄두가 나지 않았다.

안 되면 내가 직접 회사에 데리고 가야 했다. 하지만 애 둘을 데려갔더니, 마감 작업에 몰입이 되지 않았고 회사 직원들에게 너무 눈치가 보였다. 결국 믿을 구석은 내가 월급을 주는 '또 하나의 워킹맘' 인 돌보미 아줌마뿐이었다.

"에휴, 주말엔 안 봐주는데 이번에는 어쩔 수 없으니까 봐줄게요. 근데 자꾸 주말에 봐줄 수는 없어요."

"이모, 고맙습니다. 흑흑."

아이들 돌보는 문제가 해결되었다는 기쁨과 고마움, 서러움, 분노, 억울함까지 북받쳐서 또 눈물이 펑펑 쏟아졌다.

'왜 나만 이렇게 힘들게 살아야 하는 것일까.'

워킹맘이라면 이런 억울함은 한 번쯤, 아니 꽤 자주 느꼈을 것이다. 어린아이를 둘씩이나 보는 것만으로도 육체적으로, 정신적으로 힘든데 육아와 회사 일을 병행하는 건 상상초월 그 자체다. 가능하다면 딱 한 달만이라도 모든 남성들에게 '워킹맘 쿠폰'을 발행해보고 싶을 정도다. 24시간 CCTV가 있다면 워킹맘의 종종거리는 하루 일과를 밀착 촬영해 회사 사내 방송에 직원교육용으로 틀면 어떨까 하는 생각도 했다. '이들의 모습은 당신의 아내일 수도 있고, 당신의 동료일 수도 있으며, 어쩌면 미래 당신의 딸일 수도 있습니다'라는 자막도 틀면서 말이다.

'중도장애인'이 되어보니 우리 사회가 너무 폭력적인 곳임을 알게 됐다는 사람들이 많다. 장애인 중 10%만이 선천적 장애인이고, 90%는 비장애인이었다가 사고나 질병 등으로 중도에 장애인이 된 사람들이다. 멀쩡하게 살 때는 몰랐는데, 갑자기 장애인이 되니 휠체어를 타고 집 밖으로 한번 나가려니 걸리는 문턱이 한두 곳이 아니라는 것이다.

워킹맘도 어찌 보면 중도장애인과 마찬가지다. 결혼하기 전이나 아이가 없는 신혼부부로 살 때는 모른다. 우리 사회에서 워킹맘이 얼마나 배려받지 못하고 사는지. 한번은 지속가능한 기업을 위한 컨설팅을 하는 회사의 임원과 팀장을 만나 함께 식사를 한 적이 있다. 아빠가 된 지 얼마 안 된 그는 "명절에 고향에도 못 가고 일했다" "일주일에 하루도 집에 못 들어가서 아내가 속옷을 챙겨서 회사에 온 적도 있었다"고 자랑하듯 말했다. 상사는 입에 침이 마르도록 그를 칭찬했다. 농담 반 진담 반으로 "그래서야 지속가능한 가정이 유지되겠느냐"고 쏘아붙였다.

일과 가정의 양립이 불가능에 가까운, 정글 같은 대한민국 사회에서는 남성도, 여성도, 그들의 자녀도 행복해지기 어렵다. 미국에서 살기 전만 해도 미국이 부자라서 선진국인 줄 알았다. 하지만 2년 동안 살아보니 노인과 어린이, 여성, 장애인 등 그 사회의 가장 소외되고 약한 사람들이 편안하게 잘살 수 있도록 배려해주는 나라여서 선진국이었다. '삶의 질'에 해당하는 모든 기준을 약자에게 맞춰놓으면 다른 사람들도 결국은 그 혜택을 본다.

그 단적인 예가 〈더나은미래〉 마감시간이다. 1년 가까이 일요일 마감을 하면서 온갖 고초를 치르다 보니, '이래서는 도저히 안 되겠다' 싶었다. 과감히 마감 시스템을 바꾸기로 했다. 디자인팀에 물어보니 "매월 둘째 주, 넷째 주 화요일에 섹션이 발행되니, 발행일 바로 전 '목요일'에 디자인 작업을 할 수 있고, 혹시 수정할 사항이 있으면 인쇄하기 전 일요일에 전화나 카톡으로 일처리를 할 수 있다"고 했다. 결론은 일요 근무를 하지 않아도 가능하다는 대답이었다. 기자들에게 의견을 물어보니 모두 열렬히 한 목소리로 "대찬성"을 외쳤다. 너무 일찍 마감하다 보면 혹시 시의성 있는 기사가 실리지 못할까 봐 우려하는 CEO에게 "정 급하면 일요일에 최종 마감이 가능하니, 일단 맡겨주면 목요일 마감을 정착시켜 보겠다"고 설득했다. 물론 한두 달은 달라진 마감시간에 적응하느라 고생했지만, 이후 모든 기자들은 주5일 근무제라는 달콤한 혜택을 누리게 됐다.

만약 내가 워킹맘이 아니었더라면 어떻게 됐을까. 일중독의 중년 남성 혹은 결혼하지 않은 독신 남성이나 여성이 편집장이었다면, 어떻게 됐을까. 기존의 마감 시스템을 굳이 바꾸려고 했을까? 문제를 해결하는 열쇠는 '필요'에서 나온다. 편집장인 내가 가정이 있고 돌봐야 할 아이가 둘씩이나 있는 워킹맘이었기에 너무 절실하게 주5일 근무제를 필요로 했고, 이 일을 밀어붙인 동력이 되었다. 약자의 눈높이에 회사 시스템을 맞추니, 미혼남녀들까지도 덩달아 삶의 질이 높아졌다.

예전 신문사 사회부, 정치부 기자 시절 나와 내 주변에는 워커홀릭 천지였다. 매일 아침 독자의 대문 앞에 신문을 갖다놓기 위해 기자들은 전날 밤 전쟁을 치른다. 가족과 저녁식사 한 끼를 마음 놓고 먹기 힘들고, 저녁마다 취재원들과 밥이나 술을 먹어야 했다. 주5일 중 취재원과의 약속이 없는 날에는 팀 회식이 잡혀 있어서 개인적인 시간을 위해 '칼 퇴근'하는 것은 불가능했다. 이런 상황이니 워킹맘들은 신문사에서 잘 버텨내기 힘들다. 30대를 거쳐가면서 쟁쟁하던 신문사 여자 선배들이 하나둘씩 사라져갔고, 나 또한 지금은 매일 치르는 그 마감전쟁을 벗어나 있다. 살아남은 한두 명의 여자 선배들은 수많은 가정사를 희생했거나, 주변에 쟁쟁한 육아 돌봄 시스템을 갖추고 있어서 남자 못지않은 워커홀릭이었다.

결혼할 때만 해도 내 미래의 모습, 롤 모델은 살아남은 여자 선배들이었다. 그들처럼 악착같이, 독종처럼 해야 한다고 생각했다. 여자 후배들을 위해서라도 회사를 쉽게 그만두면 안 되고, 회사 내에서 영향력 있는 위치에 올라야 한다고 생각했다. 하지만 예기치 않게 기자 일을 그만두면서 삶을 리셋하고 보니 많은 게 달리 보였다. 한두 명의 스타 워킹맘이 등장한다고 사회가 바뀌지는 않는다는 사실이 보였다. '저녁이 있는 삶'이 가능한 사회로 바뀌려면, 평범하고 조금 부족해도, 이곳저곳에서 자리를 지키고 있는 워킹맘들이 많아야 한다. 나 또한 그런 워킹맘 대열에 숟가락 하나 더 얹는다는 느낌으로 편하고 즐겁게 일한다. 누군가가 '삶의 우선순위가 일이냐 가정이냐'고 물어볼 수도 있다. 그런데 그건 '엄마가 좋니, 아빠가 좋니' 만큼 의미가 없는 질문이다.

아이 둘이 어린 지금은 당연히 엄마 역할이 우선이요, 아이가 사춘기 이후가 되면 엄마 역할이 축소되기 때문에 그땐 일이 우선순위를 차지할 것이다. 일을 잘하다가도 몸이 아프면 건강이 우선순위가 될지 모른다. 일과 가정은 내게 있어 '대체재'가 아니라 '보완재'다. 소고기 값이 오르면 돼지고기 수요가 늘어나듯, 대체재가 되면 회사일이 힘들 때마다 가정을 선택하려 할 것이다. 반면 보완재는 어떤가. 어느 한쪽을 사면 다른 쪽 수요도 같이 늘어나는 빵과 버터처럼, 회사일과 가정이 함께 시너지를 낼 수 있다.

가끔 내 또래의 워킹맘 중에 사회에서 성공하고 싶어 너무 팽팽해 보이는 이들을 만나면 때론 부럽고 때론 위태로워 보인다. 아직 아이가 초등학교 저학년임에도 엄마가 저녁모임을 자주 하는 것도 모자라 석사학위나 박사학위까지 받으려고 공부하는 경우도 있다. 물론 아이를 돌봐주는 분이 있겠지만, 적어도 아이가 어릴 때까지 엄마가 아닌 모든 사람들의 기본 입장은 '조력자'다. 축구시합에서 감독 없이 코치만 여럿 있는 것과 같다. 선수가 누구의 코드에 맞춰 뛸 수 있겠는가.

경력단절 여성의 삶을 거친 후 사회로 복귀하면서 '저녁이 있는 삶'을 살기로 나름의 원칙을 세웠다. 원칙이 없으면 또다시 워커홀릭이었던 옛모습으로 돌아가 아이를 방치할 위험이 높기 때문이다. 웬만큼 중요한 저녁식사 자리가 있는 경우 한 달에 한두 번을 제외하면 늘 '칼퇴근'을 한다. 이러다 보니 편집장임에도 부끄러울 정도로 친한 취재원이 늘어나지 않았다. 저녁에 술도 먹어야 친분이 쌓이는데 점심 먹고 차 마시는 걸로는 한계가 있었다. 저녁시간이 자유로운 젊은 기자들에게 질투심까지 느낄 정도였다.

'시간의 힘을 믿자. 느려도, 천천히 가도, 포기하지 않고 꾸준히

하면 언젠가는 될 거야.'

스스로에게 이런 주문을 했다. 편집장으로 산 지 4년째, 미친 듯이 달려오지는 않았어도 웬만큼 중요한 취재원은 다 알게 됐다. 만약 조급함을 참지 못하고 아이에 대한 주도권을 남에게 넘겼더라면 어떻게 되었을까. 아마 후회하게 됐을지 모른다.

엄마와 편집장, 둘 다 포기할 수 없기 때문에 균형이 중요하다. 과속하면 페달이 고장 나거나 타이어에 펑크가 날 수도 있다. 항상 자기에게 맞는 적정속도를 유지하며 운전해야 한다. 그러다 보면 한 해 한 해 균형점이 이동하는 게 눈에 보인다. 1년에 한 번씩 꼭 해외출장을 갈 일이 생기는데, 출장을 다녀오는 발걸음이 점점 더 가벼워진다. 아이가 자랐기 때문에 걱정이 덜 되고, 남편과 아이들도 노하우가 쌓였기 때문이다.

환경재단 기획위원으로 제2의 사회생활을 시작했을 때, 첫 출장은 8박 9일 동안 독일을 다녀온 것이었다. 몇 년 만에 가는 해외출장이라 설레었지만, 초등학교 1학년짜리와 유모차를 타는 세 살짜리 꼬마 둘을 놔두고 가려니 마음이 무거웠다. 시어머니까지 서울로 올라와야 했다. 게다가 출장을 떠나는 날 아침, 둘째 아이가 열이 나기 시작했다. 독일에 도착하자마자 전화를 해보니 "아이가 수족구에 걸려서 어린이집에도 못 가고 계속 끙끙 앓고 있다"고 했다. 그 이후 함부로 출장을 떠나기가 겁이 났다.

〈더나은미래〉 편집장을 맡으면서 출장 갈 일이 생기면 기쁜 게 아니라 부담만 컸다. 국제구호개발 NGO들과 탄자니아, 모잠비크, 방글라데시 등 아프리카를 동행 취재하는 것은 꿈도 꿀 수 없었고, 주말을 낀 4박 5일짜리 몽골이나 인도, 필리핀 등 가까운 아시아 지역만 1년에 한 번 정도 갈 수 있었다. 출장을 좋아하는 기자도 있지만, 싫어하는 기자도 있다. 내가 출장을 못 가면 다른 기자가 한 번 더 출장을 가야 했다. 괜히 미안해졌다.

그러다 재작년쯤 영국 출장을 갈 일이 있었다. 기부 선진국인 영국의 기부 문화를 둘러보고 오는 취재 일정이었는데, 초청하는 기관에서도 편집장인 내가 동행 취재했으면 좋겠다는 의사를 표시해왔다. 막판까지 "오케이"를 하지 못한 채, "노력해보겠지만, 안 되면 우리 기자가 갈 수도 있다"고 했다. 이번에는 꼭 가고 싶었지만 공교롭게도 남편까지 같은 기간에 러시아 출장 일정이 잡혀 있었다. 둘 중 한 명은 포기해야 하는 상황이었다. 당연히 내가 포기하려고 했다.

"편집장님, 출장 가셔야죠. 꼭 간다고, 갈 수 있다고 하세요. 그리고 기도하시면, 이뤄질 거예요."

후배 기자가 나에게 용기를 줬다. '안 되면 무슨 방법이 있겠지' 하는 생각으로, 일단 여권을 초청기관에 보냈다. 정말 신기하게도 남편의 러시아 출장이 보름쯤 미뤄졌고, 덕분에 남편과 돌보미 아줌마의 도움을 받아 마음 편하게 영국 출장을 다녀왔다.

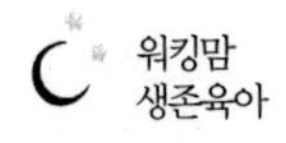

처음 출장을 떠날 때만 해도 주말이면 아이 둘을 주렁주렁 달고 아주버님 댁에 가서 끼니를 해결하고 오던 남편은, 이제 아이들과 함께 스파게티도 만들어먹고 떡볶이도 해먹는다. 밥하기가 힘들면 근처 설렁탕집이나 중국집에 가서 한 그릇 사 먹을 수 있는 여유도 생긴 것 같다. 처음에는 딸아이 옷을 앞뒤 뒤집어 입히거나 계절에 맞지 않는 걸로 입히더니, 요즘은 머리도 단정히 묶어서 보낸다. 아빠가 급하면 큰딸이 엄마처럼 작은딸에게 잔소리를 하면서 등교 준비를 한다. "궁하면 통한다"는 건 진리였다!

우리는 늘 '상향평준화'만 외치고 살아왔다. 하지만 때로 '하향평준화'가 좋은 경우도 있다. '배려대상'인 약자, 워킹맘의 눈높이에 맞게 사회가 굴러가면 모두에게 좋은 결과가 된다. 남편들도 가족을 위해 제 역할을 할 수 있고, 아이들도 전업주부 엄마의 '과잉보호' 늪에서 벗어나 자립심이 커진다. 가족이 건강해지면 이혼율이 낮아지고, 상처받고 소외받는 아이도 적어진다. 엄청난 복지 부담을 줄이는 길이다. 그래서 나는 오늘도 칼퇴근을 한다. 기자들에게 "너희들도 곧 엄마 된다!"고 하면서.

내가 당신과 이혼해야 하는 이유

명절이나 연휴, 주말 등이 되면 회사 분위기가 들뜬다. 기자들 중 결혼해서 아이까지 있는 사람은 아직 아무도 없다. 신혼부부거나 아니면 미혼 남녀다 보니, 그 기나긴 시간을 어떻게 보낼지 설레며 고민한다. 그들은 여행을 다녀오기도 하고, 영화를 보기도 하며, 나름대로 재충전을 하고 돌아온다. 하지만 이런 연휴를 한번 겪을 때마다 워킹맘인 내 몸은 반쪽이 된다. 네 식구가 먹을 '삼시세끼' 밥을 차려야 하고, 하루 종일 아이들과 놀다 보면 재충전은커녕 파김치가 된다. 아이 둘이 어릴 때는 책 한 권을 몰입해서 읽을 수 있는, 단 한 시간의 여유조차 허용되지 않았다.

한계에 부딪힐 때면 가끔 화산이 폭발한다. 거의 예외 없이 화산이 폭발하는 날은 월요일 출근을 앞둔 일요일 저녁시간이다. 한번은 목요일부터 일요일까지 4일 동안 황금연휴가 이어진 적이 있었는데, 늘 그렇듯이 연휴가 시작될 때면 기대를 한다. '밀린 일처리를 좀 할 수 있겠지' 하고.

첫날만 해도 '이제 시작인데 뭘~' 하면서 아이들과 함께 난지캠핑장에 놀러 갔다. 운전을 하고 텐트를 치느라 벌써부터 지친 남편은 제대로 놀기도 전에 텐트 안에서 잠을 잤다. 아이 둘과 놀아주는 것은 내 몫이었다. 둘째 날은 징검다리 휴일이라 학교와 유치원 모두 재량휴업이었다. 둘째 딸 친구인 H 양의 엄마는 이날도 회사에 나간 모양이었다. 아침에 문자가 왔다.

"죄송한데, 우리 딸이 함께 놀고 싶다고 엄청 조르는 모양이에요. 할머니와 혼자 노니까 심심해서 그러는데, 혹시 가능하면 오늘 같이 놀 수 있을까요?"

워킹맘 심정은 워킹맘이 가장 잘 안다. 할머니와 둘이서 심심하게 놀고 있을 H 양이 떠올라서 "오늘 우리 집에서 같이 놀게 하겠다"고 문자를 했다. 여섯 살짜리 아이 둘은 만난 지 1시간만 즐거웠다. 사이좋게 같이 놀다가도 문제만 생기면 "엄마~" 하고 쪼르르 달려왔다. 10분 단위로 끊임없이 불러대는 통에 써야 할 원고를 한 페이지도 못 썼다.

토요일인 셋째 날, 남편은 외부 일정이 있어 하루 종일 외출을 했고, 서울시청에서 열린 후배 기자 결혼식에 아이 둘을 데리고 갔다. 근처에 서울시립미술관이 있어 구경도 하고, 내친 김에 "남대문 시장 구경 가자"고 조르는 아이들 소원 들어주느라 저녁 6시까지 남대문 시장을 헤맸다. 몸과 마음이 슬슬 파절임이 되어가고 있었다. 넷째 날인 일요일 오전에 일찍 교회를 다녀오고 나니, 남편이 주말에 아이들과 놀아주지 못해 미안했는지 "선유도 공원으로 놀러가자"고 했다. 이때 내 속마음은 이랬다.

'난 3일 내내 애들이랑 지내느라 너무 힘들어. 내일 있을 기획회의 아이템도 준비해야 하고, 다음 주 기업 사회공헌 담당자 네트워크 모임 강의를 위한 프레젠테이션 자료도 30장 넘게 만들어야 해. 할 일이 많은데, 오늘 오후에 선유도 공원 다녀오고 나면 밤을 새워도 도저히 일을 끝내지 못할 것 같아. 그러니까 당신이 그냥 애들 데리고 다녀오든지, 아니면 내가 밀린 일을 할 수 있도록 당신이 점심과 저녁 준비를 도와줄 수 있겠어?'

하지만 오랜만에 남편이 가족을 위해 서비스를 하겠다고 나섰는데, "피곤하다"고 딱 거절하는 게 미안해서 속마음과 달리 "그러자"고 대답해버렸다. 낮 12시부터 점심식사를 준비해서 밥을 차리니 오후 1시 10분쯤, 식사 후 설거지까지 끝내고 나니 시계는 오후 3시를 향해 가고 있었다. 한두 시간 있으면 곧 저녁 먹을 시간이었다. TV를 보고 누워 있는 남편을 보니, 갑자기 10년 묵은 짜증이 확 올라왔다. 그냥 부엌바닥에 주저앉아 버렸다.

"아니 내 팔자는 왜 이 모양이야. 왜 만날 나만 일하냐고. 왜! 왜! 왜!"

설거지를 하다 말고 갑자기 부엌바닥에 앉아서 날카로운 쇳소리를 내면서 팔자 타령을 하고 있는 내 모습을 본 남편의 표정이 일그러졌다.

"그럼 선유도 공원 가지 마. 안 가면 될 거 아냐."

이쯤 되면 집안 분위기가 서늘해진다. 그런데 웃긴 건, 이게 우리 집만의 풍경이 아니라는 사실이다. 지난 명절 친정 언니와 여동생까지 딸 5명이 모여 앉았다. 최근 육아 때문에 일을 그만둔 막내 여동생이 "집에서 쉬니까 일요일 저녁에 화낼 일이 없어졌다"고 하는데, 모두가 박장대소했다. 일요일 화산 폭발한 이야기가 줄줄이 이어졌다.

"아이들 어릴 때, 남편이 하도 얄미워서 '고생 좀 해봐라' 하면서 가출해버렸어. 일요일 아침, 냉장고에 편지 한 장 달랑 붙여놓고 무작정 집을 나갔지. 혼자 버스 타고 경북 영주까지 놀러갔다 왔는데, 집에 와보니 글쎄 어떻게 돼 있는 줄 알아? 남편이 아이 둘을 데리고 시댁에 가 있더라. 어찌나 '웬수' 처럼 느껴지던지……."

"그냥 힘들면 좀 부드럽게 도와달라고 하면 될 텐데 그게 안 돼.

나는 애 돌보느라 밥도 제대로 못 먹었는데, 자기는 혼자 밥 다 먹고 애가 쉬 마렵다고 하면 나를 부른다니까. 그러니 고운 말이 나올 리 있나. 1시간 동안 서서 밥 준비 하느라 힘든 걸 알면 '설거지는 내가 할게' 해주면 얼마나 좋겠어. 매번 부탁하는 것도 하루 이틀 일이지, 귀찮으니까 그냥 힘들어도 혼자 한다니까. 그러다가 일요일 저녁이면 꼭 막판에 성질 부려서 잘한 거 다 까먹어."

워킹맘인 친정 언니와 동생들의 이야기가 이런 종류라면, 워킹맘의 남편에 해당하는 형부들과 제부의 이야기는 닮은 꼴 판박이다.

"장모님, 하얀 식빵이 현미식빵으로 바뀐 사연 들어보실래요? 아니 어떻게 식빵에 곰팡이가 피어서 현미식빵이 될 때까지 모를 수가 있어요?"

"장모님, 떡국용 떡이랑 명절음식 챙겨주지 마세요. 갖고 가봐야 냉동실에 넣어두고 1년 지나도 그대로예요. 다른 음식도 다 먹지도 못할 걸 꾸역꾸역 챙겨가는 바람에 꼭 버린다니까요."

"버는 돈보다 쓰는 돈이 더 많은 것 같아요. 툭 하면 힘들다고 외식하거나 시켜먹는 바람에 외식비가 얼마나 나오는지 몰라요. 집에서 밥을 제대로 얻어먹은 지가 언제인지 모르겠어요."

우리 부부도 마찬가지다. 똑같은 패턴으로 싸운 세월이 10년이다. 부부싸움을 할 때면 남편은 "당신이 나한테 해준 게 뭐가 있다고 그렇게 생색을 내냐"고 했고, 나는 "내가 돈 벌어서 나 혼자 잘 먹고 잘 살려고 하는 거야"라고 반박했다. 그러면 남편은 또 이렇게 반발한다.

"그러게 누가 회사 다니라고 등 떠밀었어? 지금이라도 그만두면 될 거 아니야. 적게 벌어서 적게 쓰면 되지. 나는 적게 벌어서 적게 쓰더라도, 아이들 잘 키우고 아침밥 해주는 아내가 있었으면 좋겠다."

처음에는 이런 현실이 억울해서 미칠 것만 같았다. '결혼이란 제도는 왜 이리 불공평한가' '대한민국 남자들은 왜 이렇게 생겨먹었나' '내 딸은 절대 시집 보내지 않겠다' 등. 아무리 한탄해봐도 되돌릴 수 없는 늪에 빠진 것 같았다. 싸운 다음날 가사 분담표를 적어서 냉장고에 붙여놓은 적도 여러 번이었다.

"식사준비를 내가 하면 당신이 설거지를 할 것. 쓰레기 분리수거도 당신이 할 것. 둘째 아이 목욕시키고, 첫째 아이 숙제 봐주고, 밤에 애들 재우다 보면 최소 2~3시간은 걸림. 세탁기에 빨래를 넣고 돌린 후 빨래를 너는 것은 내가 할 테니, 당신은 TV를 보면서 빨래를 갤 것. 일요일 오후 당신은 낮잠 잘 때 나는 아기 업고 재우느라 3시간 넘게 씨름했음. 업고 재우다 눕히면 울면서 깨고, 다시 업어서 재우는 과정을 세 번씩이나 반복하느라 진이 다 빠졌음. 지나가는 불쌍한 사람도 도와주는 마당에, 집안일과 회사일, 그리고 육아까지 힘들어서 쩔쩔매는 아내를 도와줘야 하는 건 남편으로서 당연한 것 아닌가! 당신도 이제 사고와 행동의 패러다임을 총각에서 애 아빠로 전환할 시점임!”

하지만 이런 기계적인 가사 분담표는 반짝 효과만 있을 뿐 오래 가지 못했다. 둘 사이가 좋아지면 가사 분담은 스르륵 사라지고 어느새 또 내 몫의 일거리가 늘어나 있었다. 사실 남편 입장에서 보면, 전업주부 아내가 있는 동료들에 비해 집안일을 훨씬 많이 하는 것이기는 했다. 우리 남편은 빨래를 개고, 와이셔츠를 직접 다리며, 때로 둘째 아이 목욕을 돕고, 쓰레기 분리수거도 한다. 내가 싫어하는 아이 운동화와 실내화 빨기를 대신 해준다. 이러니 남편 또한 억울한 건 마찬가지다. 부부싸움을 할 때면 가해자는 없는데 피해자 2명이 서로 날뛰며 “내가 더 억울하다”고 외치는 꼴이었다.

이런 싸움이 우리 집에서 멈춘 지는 1년이 좀 넘었다. 결정적인 계기가 있었다. 지난해 초, 큰딸이 뜨거운 물을 쏟는 바람에 둘째 딸을 보호하느라 내 종아리가 그대로 화상을 입은 적이 있었다. 내 비명 소리에 달려오기는커녕 무심하게 제 할 일을 하던 남편에게 서운해 있던 차에 자잘한 일로 화가 폭발해 토요일 아침 무작정 가출해 버렸다. 하지만 갈 곳이 없었다. 근처 커피숍에 앉아 A4 용지에 글을 쓰기 시작했다.

“내가 당신과 이혼해야 하는 이유”가 제목이었다. 그동안 화가 났던 사건사고를 곱씹어보면서 쓰다 보니, A4 용지 7장이 나왔다. 그리고 몇 시간 만에 아이들 전화를 받고 마지못해 집에 돌아왔다. 다음날 아침 이메일로 남편의 답장이 와 있었다. A4 5장짜리 답장이었다. 남편 또한 쌓이고 쌓인 감정을 모아 쓰다 보니, 그렇게 기나긴 편지가 되어 있었다. 남편 답장에 대한 재반박과 답장, 다시 재반박글까지 5건의 이메일이 오갔다.

그동안 말로만 싸울 때는 서로 상처가 되는 말을 하느라 본질을 놓친 적이 많았는데, 글로 싸우다 보니 생각이 정리됐다. 그동안 나만 힘들다고 생각했는데, 남편의 심정을 글로 읽어보니 느낌이 달랐다. 결혼 이후 오랜만에 삶을 진지하게 되짚어보면서 마음 정리를 한 시간이었다.

'스물네 살에 처음 만나 연애한 후 마흔 살이 될 때까지 무려 16년 동안 인연을 맺어온 사람인데, 이런 모습의 아내이자 엄마로 기억되는 건 너무 슬프다. 헤어질 때 헤어지더라도 좋은 아내이자 존경받는 엄마의 모습으로 기억되게 하자.'

이런 생각이 들었다. 마음을 싹 비웠다. 남편을 내가 원하는 모습으로 변화시키는 걸 포기했다. 남편의 존재 자체만으로 감사하기로 했다. 아이들에게도 마찬가지였다. '화내고 짜증내는 아내이자 엄마' 대신 '이해심 넓고 온화한 아내이자 엄마' 로 변화된 모습을 상상하며 마음을 다스렸다.

두 달쯤 지났을까. '무조건 감사'로 확 바뀐 내 모습에 처음엔 다들 의아해했다. 설거지를 한 번 해줘도 감사했고, 갑작스런 저녁 약속이 생겨 SOS를 쳤을 때 남편이 일찍 퇴근해 아이들을 돌봐주는 것도 감사했다. 그때마다 나는 "고마워요" "땡큐" "오늘 당신 덕분에 내가 급한 불 껐네요" 하고 찬사를 표시했다. 고마움의 표현을 들은 남편은 내색하지 않았지만, 가족을 위한 그의 봉사 수준은 계속 업그레이드되었다. 화가 나는 일이 있어도 절대 큰소리를 내거나 짜증과 분노를 한꺼번에 폭발하는 일이 없다 보니, 싸움이 점점 사라졌다.

6개월쯤 지난 어느 날, 술 마시고 들어온 남편이 "변하려고 노력하는 모습 보여줘서 고맙다"고 털어놓았다. 일요일 저녁 다같이 외출하고 돌아오면, 남편도 정리정돈을 돕고 내가 힘들어 보이면 "외식하자" 혹은 "반찬 하지 말고 그냥 삼겹살 구워 먹자"고 선수를 친다.

서로에 대한 배려가 선순환을 이루니 부부관계는 좋아지고 특히 자녀를 대하는 태도가 달라졌다. 부부 사이가 나쁠 때는 엄마와 아빠의 지시사항이 따로 나가고 서로를 무시하는 발언을 아이에게 하기 때문에 아이가 헷갈려한다. 하지만 부부 사이가 좋아지니 '한 목소리'로 아이에게 훈육을 할 수 있었다. 물론 우리 부부가 이런 아름다운 화합을 이룬 데는 지난 10년 동안의 '사랑과 전쟁' 기간을 거친 덕분이다. 뿐만 아니라 둘째 아이가 다섯 살이 되니 육아가 덜 힘들어졌고, 덕분에 우리 부부가 좀 여유 있어진 것도 한 몫 했다.

지난해 연말 만난 부모교육과 상담 전문가들이 꼭 읽어보라며 추천해준 《5가지 사랑의 언어》라는 책을 읽으면서 '이것이구나' 싶었다. 저자가 40년간 결혼상담 경험을 바탕으로 쓴 이 책에는 "사랑도 언어의 차이와 비슷하다. 당신이 영어로 사랑을 표현하기 위해 아무리 노력한다 할지라도 당신의 배우자가 중국어만 아는 사람이라면 당신이 상대를 얼마나 사랑하는지 결코 이해할 수 없을 것이다"라고 했다. 상대방에게 사랑을 효과적으로 전달하기 위해서는 배우자가 사용하는 사랑의 언어를 배워야 한다는 것이다.

저자가 발견한 다섯 가지 사랑의 언어는 인정하는 말, 함께하는 시간, 선물, 봉사, 스킨십 등이었는데, 책을 읽다 보니 나와 남편의 언어도 다르다는 걸 발견했다. 남편에게는 칭찬하는 말이나 감사의 표현, 격려하는 말, 부드럽고 온유한 말 등 '인정하는 말'이 사랑을 느끼게 해주는 언어였다.

내 경우 사랑의 언어는 '봉사', 즉 배우자가 원하는 바를 해주는 것이었다. 나를 위해 설거지를 해주고, 세면대에서 머리카락을 끄집어내고, 쓰레기를 버리고, 바쁠 때면 잠시 아이를 돌봐주는 것이었다. 우리 부부 사이가 좋아진 이유는 다름 아닌 상대방 사랑의 언어를 충족시켜 준 데 있었다.

전업주부와 달리 워킹맘으로 살기 위해서는 남편의 협조가 절대적으로 필요하다. 남편과 싸워봤자 워킹맘만 손해다. 한 워킹맘 선배는 "남편과 이혼 위기까지 갔는데, 1년 동안 매일 아침밥을 차려줬더니 몰라보게 사이가 좋아졌다"며 이 방법을 강력히 추천했다. 또 다른 워킹맘은 "아이가 여섯 살만 되어도 남편과의 사이는 자동적으로 좋아지게 마련이니, 세월의 힘을 믿고 견디라"고 이야기했다.

나는 후배 워킹맘들에게 "남자들은 절대 은유적인 표현을 이해하지 못한다. '내가 힘든 걸 알아주겠지' 하는 착각을 일찌감치 버리고, 원하는 것을 정확히 표현해야 된다. 설거지를 원하면 설거지를 해달라고 그냥 심플하게 요청하라"고 충고한다. 나는 지금도 남편과 대화할 일이 있으면 첫째, 둘째, 셋째 이런 식으로 정확히 원하는 게 무엇인지 이야기한다. 이 방법은 의외로 효과가 크다.

이중적인 직장 내 편견, 독종과 아줌마 사이

처음 신문사에 들어왔을 때 주부잡지를 만드는 부서에 배치됐는데, 당시 우리 부서에는 워킹맘 선배가 두 명 있었다. 하지만 어린 기자인 내가 느낄 만큼 워킹맘 선배들에 대한 부서 내 남자 선배들의 인식이 좋지 않았다.

"어휴, 저 아줌마들!"

거의 이런 분위기였다. 생각해보면 신문사에 입사하기 전 근무했던 첫 직장에서도 워킹맘에 대한 사내 인식은 그다지 좋지 않았다. "아줌마들은 야근 안 하고 일찍 퇴근한다" "아줌마들은 회식 때도

1차만 하고 집에 간다" "주말이나 공휴일 등에도 회사에서 필요한 일이 있으면 나와야 하는데 꼭 이런저런 핑계 대고 빠진다" 등 이유는 정말 많았다. 특정한 사안이 있는 건 아니지만, 한두 건의 불만이 모이고 모이다 보니 아예 편견으로 자리 잡은 듯했다.

반면 다른 의미에서의 편견도 있었다. 첫째 아이를 출산한 후 도저히 돌봐줄 사람이 없어 시골 시댁에 맡기고 8개월쯤 지났을까, 갑자기 사회부로 발령이 났다. 당시 경찰청을 출입했는데, 출입처 기자 중 여자는 내가 유일했고 '아줌마기자' 또한 최초라고 했다. 밤늦게까지 출입처에서 일을 하고 있으면 사람들은 "애 떼놓고 이렇게 일하면 집에서 안 쫓겨나느냐" "시골에 놔두고 온 아이가 보고 싶지 않느냐" "참 독종이다" 이런 말을 많이 했다.

워킹맘에 대한 직장 내 편견은 이렇듯 이중적이다. 일을 많이 하면 독종이라고 욕하고, 일을 적게 하면 아줌마라고 욕한다. 직장 내에서 전체 숫자로 치면 워킹맘은 소수에 가깝다. 대다수를 차지하는 아저씨 직원에 비해 모든 행동이 주목받을 수밖에 없는 구조다. 조직 내에서 CEO와 가까운 자리로 올라가면 갈수록 더 그렇다.

내가 만나본 많은 워킹맘들은 둘 중 하나였다. 조직 내 권력을 일찌감치 포기하고 일과 가정의 균형을 중시하는 유형 아니면 가정을 포기한 채 아저씨 직원 못지않은 워커홀릭 정신으로 일에서의 성취를 이뤄내는 유형이었다. 중간은 없었다. '과연 제3의 길은 없을까.

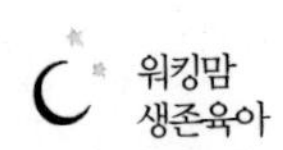

여자 후배들에게 모범이 되고 조직에서도 입지가 있어야지, 저렇게 자기만 생각하는 아줌마 직원으로 사는 건 옳은 걸까? 가정을 포기한 채 회사에서 승승장구해봤자 그만두고 나면 끝인데, 한 번뿐인 인생을 저렇게 사는 건 행복할까?'

늘 이런 고민을 했다. 경력단절과 재취업 과정을 거치면서, 직장 밖 세상을 경험한 건 큰 도움이 됐다. '명함이 없는 삶'을 체험해보았기 때문에 직장과 개인의 삶에 대해 나름의 철학이 생겼다. 우리나라는 직장과 개인의 삶을 분리하지 않지만, 미국은 철저히 둘을 분리한다. 이 문화는 '아기와 엄마'의 보육태도에도 드러난다. 아기가 새로 태어나면, 우리나라는 엄마가 아기를 안고 자지만, 미국에선 아기침대에 따로 재운다. 우리나라는 아기와 엄마를 동일시하는 경향이 강하고 미국은 아기와 엄마는 엄연히 독립된 개인이라고 생각한다. 아기를 사랑하는 모성애는 한국이나 미국이나 똑같지만, 표현방식이 다른 것이다.

야근과 회식. 되도록 회사에서 오래 같이 일하고, 고된 일을 끝낸 후 다함께 회식을 통해 회포를 푸는 것, 이 두 가지는 직장과 개인의 삶을 분리하지 못하게 하는 한국식 회사 문화다. 과거에는 분명 장점도 있었겠지만, 개인의 자발성과 창의성이 모여 조직의 성과를 만들어내야 하는 지금 시대에는 단점이 더 많은 것 같다. 특히 야근과 회식은 워킹맘을 직장 밖으로 밀어내는 대표적인 독소 문화다. 동등

한 경쟁을 방해하기 때문이다. 마라톤 출발 지점에 선 처녀, 총각 직원이 처음에는 똑같이 달리다가, 아줌마-아저씨가 되는 순간 '야근과 회식'으로 인해 점점 격차가 벌어지는 것과 같다.

지난해 미국의 '머시콥'이라는 유명 국제구호개발 NGO를 탐방하러 갔을 때의 이야기다. 브리핑이 끝나고 질의응답이 길어져 정해진 시간인 오후 5시를 넘어서자 그곳 남녀 임원들은 "어린이집에 있는 아이를 데리러 가야 한다"며 서둘러 자리를 마무리했다. 반면 얼마 전 한국의 NGO 사무총장들과 간담회를 가졌을 때, 한 NGO 사무총장이 "저녁 6시에 퇴근하면 꼭 조퇴하는 것 같은 분위기"라고 하자 모두 공감한다는 듯 크게 웃었다. 미국에서는 애 셋을 낳고도 편집장이 되는 게 당연시되는 분위기이지만, 한국의 신문사에서 애 셋을 낳고 직장생활을 계속 하려 한다면 엄청난 심적 부담감에 버티지 못할 것이다.

〈더나은미래〉 편집장이 되면서 일찌감치 공언했다.

"야근과 회식을 할 수 없는 반쪽짜리 편집장이 될 수밖에 없습니다."

물론 그날 업무가 퇴근 시간 전에 끝나지는 않는다. 하지만 무조건 정시에 퇴근한다. 아이들과 함께 저녁을 먹고 시간을 보낸 후, 나머지 일은 아이들이 잠든 밤이나 새벽에 한다. 2주에 한 번 돌아오는 마감에는 새벽 3시에 일어나고, 평소에는 새벽 5~6시에 일어나서 밀린 업무를 처리한다. 회식이나 저녁식사 약속도 되도록 잡지 않는다. 새로운 팀원을 맞이하거나 송년회를 해야 할 때, 회사 대표와 함께 꼭 참석해야 하는 중요한 비즈니스 미팅을 제외하면 무조건 집으로 직행한다.

예전에는 상상도 못하던 생활이다. 새벽부터 밤늦게까지 하루 평균 15시간씩 직장에 묶여 일하던 게 삶의 기본 패턴이었기 때문이다. 일주일에 한두 번 회식, 저녁 약속까지 하면 주5일 중 최소 4일은 저녁미팅으로 밤 시간을 보내기 일쑤였다. 야근과 회식 없이 업무가 가능할까 싶지만, 벌써 4년째 이 원칙을 잘 지켜오고 있다.

워킹맘의 직장 내 생존법은 정답이 없다. 각자가 환경과 적성에 맞게 선택하는 수밖에 없다. 일에 대한 욕심이 많고 육아를 뒷받침해줄 주변 환경이 갖춰져 있다면 '승승장구형'을 택하면 되고, 육아를 포기할 수 없지만 회사도 그만두기 싫다면 '장기 버티기형'을 택하면 된다. 육아에 최선을 다하기 위해 회사와 조율해서 업무 환경을 스마트워킹으로 바꾸는 '균형잡기형'을 택할 수도 있고, 육아를 위해 일정 기간 일을 그만두는 '경력단절형'을 택해도 된다.

중요한 건 자기 나름의 원칙을 세웠으면 그걸 지키기 위해 노력하고, 직장 동료들에게 이해받도록 최선을 다해야 한다는 점이다. 가끔 "아이만 생각하면 하루 빨리 회사를 그만두고 싶지만, 집 대출도 갚아야 하고 맞벌이를 하지 않으면 안 되기 때문에 쉽게 그만둘 수 없다"고 하는 워킹맘을 만나면 안타까운 생각이 든다. 이런 마음가짐으로는 직장 동료들을 설득시키기 힘들기 때문이다. 나도 가끔 자신에게 되묻는다. '10억 원어치 로또에 당첨되어도 이 일을 계속할 만큼 내 일을 사랑하는가' 라고.

'회사가, 혹은 직장동료들이 알아서 워킹맘인 나를 배려해주겠지' 하는 생각은 큰 착각이다. 편집장으로서 한 팀을 이끌다 보니 상사의 마음은 모두 하나임을 알게 됐다. 일 잘하고, 열심히 하는 직원이 최고로 예뻐 보인다는 것이다. 직원이 스스로 나서서 '이런저런 개인사정이 있으니 배려해달라' 고 하기 전까지, 상사가 먼저 직원을 배려하기는 힘들다. 하지만 많은 직원들은 상사한테 요청하기가 힘들고 부담스럽다는 이유로, 속으로만 끙끙 앓거나 방치하다 끝내 사건을 키운다.

어떤 워킹맘은 임신 중임에도 힘든 상황을 묵묵히 버티다가 유산된 이후에야 사표를 내기도 하고, 또 어떤 워킹맘은 아이의 발달상황이 더디고 남편과의 갈등이 깊어졌음에도 버티다가 결국 코너에 몰려 사표를 내기도 한다.

직장 내 포지셔닝positioning도 중요하다. 워킹맘임을 최대한 숨긴 채 무소의 뿔처럼 앞서갈 것인지, 아니면 워킹맘 티를 낼 것인지에 대해 결정하는 것도 필요하다. 예전의 나는 워킹맘 행세를 하지 않았다. 아직도 가슴 아픈 기억이 하나 있다.

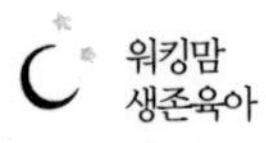

시골에 떨어져 있던 큰딸과 1년 중 딱 한 번, 여름휴가 일주일 동안 함께 붙어 지냈다. 남편의 여름휴가 일정과 맞지 않아 딸과 함께 시골 친정엄마한테 쉬러 갔다. 하지만 출입처에서 갑자기 사건이 발생했고 상사가 휴가 중인 나에게 전화를 걸어왔다. "일을 못 한다"는 말이 도저히 입에서 떨어지지 않았다. 오후 2시부터 전화취재를 시작했고 예민해진 나는 "놀아 달라"는 아이에게 짜증을 냈다. 보다 못한 친정엄마는 세 살짜리 어린 딸을 떼내서 놀이터에 가겠다며 집을 나섰고, 아직 친정엄마가 낯선 딸은 동네가 떠나가도록 울어댔다. 딸의 울음소리를 삼키며 취재와 기사까지 마무리하니 그날 하루가 훌쩍 지나가버렸다. 하지만 상사의 전화는 그날 한 번이 아니었고, 1년에 딱 한 번 엄마 역할을 제대로 해보려던 내 계획은 수포로 돌아갔다.

제2의 인생을 사는 지금, 나는 워킹맘 티를 팍팍 낸다. 편집장 칼럼 코너에 딸 이야기를 자주 쓰고, 회사에 걸려온 딸의 전화도 쑥스러워하지 않는다. 한번은 책상 위에 휴대폰을 두고 온 것도 잊은 채 회의실에서 회의를 하고 있었다. 회의를 끝내고 나오자 우리 팀원이 "편집장님, 큰따님이 전화 와서 '오늘 피곤해서 태권도 학원 빠진다고 엄마한테 좀 전해 달라' 고 하네요"라고 전하며 깔깔 웃었다.

대개 회사라는 공적인 업무공간에서 사적인 이야기를 하면 무능력하거나 순진한 사람으로 취급된다. 하지만 개인의 사적인 삶을 잘 이해하면 업무에 오히려 도움이 된다. 어두운 표정의 팀원이 있을 때 함께 차를 마시며 대화를 나누면, 반드시 힘든 개인사정이 드러난다. 엄마가 자녀와 대화하듯이 팀원의 어려움을 들어주고 함께 고민해주면, 다음날 팀원은 한결 밝아진 표정으로 다시 열정을 되찾는 걸 여러 번 봤다.

한편 워킹맘이 되는 순간 언제든 자의가 아닌 타의에 의해 회사를 그만둘 준비를 할 필요도 있다. 아이가 자라는 내내 경력단절 가능성이 곳곳에 도사리고 있기 때문이다. 어릴 때는 아이가 아파서, 초등학교 때는 아이가 적응을 못해서, 중학교 때는 사춘기 반항이 심해서, 고등학교 때는 학업성적으로 대입 전선에 빨간 불이 켜져서 등 이유는 많다. '승승장구형'은 회사 내의 다양한 업무를 익히는 것이 원하는 승진에 도움이 되는 반면, '경력단절형'은 프리랜서로 일을 이어갈 수 있도록 특정 분야의 전문성이 쌓는 것이 나중을 위해 좋다.

홍보 경력만 8년이 넘는 한 워킹맘은 최근 어린 아이 둘을 키우기 위해 직장을 그만뒀다. 업무 시간을 조정해보기도 하고 1년 남짓 휴직을 하기도 했지만, 돌봐줄 사람이 마땅치 않아 결국 회사를 그만두는 쪽을 선택했다. 그렇다고 그녀가 일을 완전히 그만둔 건 아니다. 친환경적인 삶에 관심이 많던 그녀는 자신이 사는 지역의 환경단체에서 한 달에 한 번씩 소식지를 만드는 일을 돕고 있다. 이런 경력은 나중에 아이가 좀 자란 후 재취업할 때 플러스로 작용할 가능성이 높다.

하지만 자신의 전문 분야와 상관없이 경력단절 이후 제2의 인생을 시작하려면 몇 배의 고생을 각오해야 한다. 육아 때문에 일을 그만둔 한 지인은 바리스타 자격증을 따고, 수백 대 일의 경쟁률을 뚫고 외국계 유명 커피전문점에 취업했으나 1년을 넘기지 못하고 그만뒀다. 경력단절 여성 재취업을 위한 기회라며 외부에 발표할 때는 '하루 4시간 근무'로 얘기했지만, 실제로는 고정된 근무시간이 아니라 오전 4시간, 오후 4시간 등으로 들쭉날쭉했다고 한다. 월급은 많지도 않은데 불규칙한 근무시간 때문에 아이 둘을 돌봐줄 베이비시터를 하루 종일 고용하기도 그렇고, 그렇다고 아이들을 방치할 수도 없는 노릇이었다.

단, 경력단절 여성이 될 때를 대비해서라도 직장에서의 평판과 네트워크 관리는 중요하다. 명함이 없어지고 나면, 기존에 회사에서 알고 지내던 인맥의 대부분은 사라진다. 나 또한 처음에는 그걸 모르고 상처받기도 했다. 〈더나은미래〉 편집장이 된 후, 신문사 사회부나 정치부 기자 시절 친분이 있다고 생각한 몇몇 취재원에게 연락을 했다. 기자직을 뒤로한 지 4년 만에 복귀했기에 '순진하게도' 그들 또한 반가워할 줄 알았다.

"우와, 반가워요. 이게 얼마만이야. 언제 한번 밥이나 먹어요."

하지만 이런 접대용 멘트를 날리는 사람은 그나마 인간적이었고,

내 전화를 어색해하는 사람도 있었다. 문자메시지에 '회의 중이니 잠시 후에 문자를 주겠다' 고 해놓고, 아예 회신이 없는 사람도 있었다. 필요에 의해 사람을 만나고, 필요에 의해 사람을 버리는 '진짜 세상'이 느껴졌다.

하지만 그 인맥 가운데 1할은 남는다. 재취업을 위한 발판을 마련해줄 수 있는 소중한 인맥이 될 수 있다. 큰딸 친구 엄마는 아이 둘이 초등학교 고학년이 되자 무려 7년 만에 재취업을 했는데, 그 회사는 이전에 다니던 헤드헌팅 회사였다. 당시 직장의 CEO에게 좋은 인상을 남겼던 그녀는 경력단절 중에도 완전히 연락을 끊지 않았기에, 선뜻 재취업을 할 수 있었다. 회사 다니랴, 아이 키우랴 정신없던 30대 초반에는 몰랐는데 명함이 없어지고 나니 인맥이 얼마나 소중한지 깨닫게 됐다.

얼마 전 한 선배 워킹맘이 해준 말이다.

"요즘 여자 후배들은 '여직원 모임' 을 하려고 하면 그게 왜 필요하냐고 반문한다니까. 회사 내부 일을 잘하는 것만 중요하게 생각해서 외부 사람들과 네트워크 쌓는 것도 소홀히 해. 고위직으로 올라가면 모든 건 영업 실적으로 귀결되고, 영업은 결국 네트워크 싸움이야. 얼마나 질 좋은 네트워크를 갖고 있는지에 따라 좌우돼. 근데 이 소중함을 모르니 안타까워."

나 또한 깊이 새겨야 할 대목이었다.

아이를 키운다는 것은 사막을 건너는 것과 같다

"우리 사회에서 성공한 여성들은 어떻게 사는지 너무 궁금해서 20명 넘게 인터뷰를 한 적이 있어. 근데 대부분 독신 아니면 이혼한 여성이더라. 성공하려면 그 방법밖에 없나 싶어서 갑자기 마음이 답답해졌어. 가정도 없이 평생 일만 하면서 살고 싶은 생각은 없거든."

예전에 한 선배가 했던 말이다. 당시에는 몰랐는데, 마흔을 넘어 워킹맘으로 살아보니 그 의미가 뭔지 생생히 와 닿는다. 주변을 둘러보면 일도 하고 가정도 유지하는 워킹맘은 아주 드물다. 30대 초반 무수히 많았던 회사 안팎의 여성 동료들은 어디로 간 것일까. 워킹맘이 어느새 '희귀종'이 되어버린 것일까. 휴대폰을 뒤적이다 보면 온통 남자 아니면 젊은 여자 후배들, 그리고 딸 친구 엄마인 전업주부들 연락처뿐이다.

이러다 보니 나는 자연히 두 얼굴을 갖고 있다. 하나는 카리스마 넘치는 신문사 편집장의 얼굴이요, 또 하나는 약간 허술해 보이는 동네 아줌마의 얼굴이다.

〈더나은미래〉는 1년에 두 차례씩 공익 분야에 관심 있는 대학생 기자를 대상으로 '청년, 세상을 담다'라는 공익기자 양성학교를 운영한다. 최근 면접을 보는데 여대생 한 명이 내 말 한마디에 닭똥 같은 눈물을 뚝뚝 흘렸다. 명문대를 나온 그녀는 스펙만 해도 A4 용지 한 페이지를 채울 정도로 빽빽하게 대학생활을 했는데, 정작 면접에서 뭘 물어봐도 매력 없는 모범 답안만 내놓았다. 같은 길을 가고 싶다며 면접 보러 온 여자 후배들을 보니 안쓰럽고 도와주고 싶은 마음에 이렇게 말했다.

"왜 기자가 되고 싶어요? 혹시 방송에 나와 마이크를 잡고 멋지게 멘트 하는 자신의 모습을 상상하거나, 신문에 자기 이름이 실리는 걸 상상하나요? 그러면 젊었을 때 잠시 즐겁게 기자 생활을 할 수 있지만, 나이 들어서까지 계속 하기 힘들어요. 기자 그 자체가 목적이 되면 안 돼요. 어떤 사회문제에 관심이 있는지, 기자가 되어 이 문제를 해결하기 위해 어떤 노력을 할 수 있을지, 이런 근본적인 고민을 해야 해요."

말이 끝나기 무섭게 여대생이 울어버리자, 당황한 건 오히려 나였다. 무섭게 혼을 낸 것도 아니요, 부드럽게 충고를 했을 뿐인데……. 이 여대생은 훌쩍거리며 "제가 고민하고 있던 걸 너무 정확하게 짚어내셔서 무서웠다"고 털어놓았다. 이뿐 아니다. 지금까지 사회에서 살아남았다는 이유로 가끔 외부 기관으로부터 인터뷰 요청이 오거나 강연을 할 때면, 대학생들이 존경을 담은 눈빛으로 바라보는 게 부담스럽기 그지없다.

반면 동네에서 보는 나는 100% 토종 아줌마다. 그것도 서툴고 건망증 심한, 부족함이 많은 아줌마다. 지난해 딸 친구 엄마가 전화를 걸어왔다.

"내일 애들 국립현충원 간다는데, 준비물이 뭐예요? 알림장에 안 써갖고 왔네."

저녁 7시 퇴근 무렵이었다.

"엥? 내일 애들 현충원 가요? 어머머, 이를 어째. 문방구도 문 닫았을 텐데, 어떡하지? 자기가 준비물 알게 되면 나한테 문자나 카톡 좀 주면 안 될까?"

"뭐야! 혹 떼려다 혹 붙였네. 무슨 임원엄마가 그것도 몰라요. 알았어. 내가 알아보고 자기한테 문자해줄게."

"흐흐흐, 고마워. 내 이 은혜 잊지 않을게."

늘 이런 식이다.

두 얼굴의 모습을 지닌 채 살다 보면, 가끔 외로움이 밀려온다. 같은 종족을 만나고 싶은 본능이다. 이럴 때 같은 처지의 워킹맘들을 만나면 수백 만 볼트의 동료애가 싹트고, 찐~하게 수다 꽃을 피운다. 동네에서 만나는 아이 친구 엄마들의 경우 체면도 있고 아이들끼리의 이해관계가 걸려 있다 보니, 웬만큼 노력하지 않고는 깊이 있는 관계를 만들기 힘들다. 하지만 회사 동료 혹은 일로 자주 만나는 워킹맘 선후배들의 경우, '동병상련'의 동료애가 생기기 때문에 관계의 깊이가 다르다.

기자를 그만두고 지금은 재택 근무를 하는 Y 선배는 나에게 은인이나 다름없다. 교육에 관심이 많은 Y 선배는 '잠수네' 사이트 마니아다. "연회비 10만 원이 아깝지 않으니 반드시 유료회원으로 가입해서 한번 훑어보라"고 몇 번을 충고했다.

잠수네 사이트에 들어가보고 깜짝 놀랐다. 밤을 새다시피 하면서 뒤진 결과, 영어학원을 다니지 않는 대신 '흘려듣기'와 '집중듣기', 그리고 단계별 영어책 읽기를 통해 실력을 올리는 아이들 사례가 쏟아졌다. 대치동 논술학원 교재로 쓰이는 한글 책은 무엇인지, 특목고 입시설명회에서 어떤 내용으로 브리핑했는지 등 엄마들이 올려놓은 정보의 바다가 펼쳐졌다. '이렇게까지 자녀 교육에 열성인 엄마들 사이에서 과연 나는 엄마로서 자격이 있는가' 하는 자괴감이

들기도 했다.

"워킹맘이라고 다 너처럼 느슨하진 않아. 잠수네를 읽어보면, 밤을 새더라도 아이 교육에 관한 정보를 수집하고 뒷받침해주는 워킹맘이 얼마나 많은 줄 아니? 지금 영어책은 어떤 걸 읽고 있니?"

Y 선배는 이렇게 잔소리를 하면서도, 바쁜 나를 위해 도움이 될 만한 교육 정보도 매번 챙겨주고 수많은 교구재도 공짜로 물려준다. 선배 덕분에 큰딸은 잠수네 영어교육법을 벤치마킹해서, 매일 30분 넘게 영어동화책 한 권을 집중듣기 하고 있다.

Y 선배와 교육 지향점은 다르지만, 부모교육 전문가인 자람가족학교 이성아 대표로부터도 큰 가르침을 받았다. 〈더나은미래〉가 부모교육 포럼을 열었을 때의 일이다.

"우리가 부모로서 제일 빛났던 순간이 언제입니까? 저는 큰애가 태어나서 처음 저한테 뒤뚱뒤뚱 걸어올 때, 마음이 너무 벅차올라서 눈물이 났어요. 둘째가 7개월일 때 급성 장염에 걸려 조그만 손에 커다란 링거 바늘을 꽂는데, 정말 가슴이 찢어지는 것처럼 아렸습니다. 그런데 제가 '그런 순간에는 이렇게 느껴야 한다' 하고 배워서 아는 건 아니잖아요. 우리 안에는 충분한 '부모성'이 있습니다. 스스로 '부족한 부모' 라고 생각하지 마세요. 부모는 가르침을 받아야 하는 대상이 아닙니다. 단지 어릴 적 상처나 세상의 왜곡된 정보들, 불안감으로 그런 모습이 가려 있는 겁니다. '부모교육' 이 무얼 가르쳐주는 게 아니라, 부모가 더 성숙한 사람이 될 수 있게 도와주는 방식으로 이뤄져야 하는 이유입니다."

이 말을 듣는데 전율이 돋았다. 부모나이 열두 살이 된 내 안에 충분한 '부모성'이 있다니! 놀라운 발견이었다. 그녀는 "한 아이가 건강하게 성장하기 위해 좋은 음식이나 안전한 환경이 필요하듯, '어떤 요건'을 갖춘 부모가 필요하다는 전제로 부모교육이 이뤄져서 문제"라며 "부모를 역할 대상자로만 보지 말고, 부모 자체로 교육의 중심을 옮겨야 한다"고 했다. 지금까지 늘 부족한 부모라고 생각해왔는데, 그럴 필요가 없는 셈이었다.

비슷한 또래나 선후배 워킹맘들을 만나면 자연스럽게 자녀 이야기가 나온다. 얼마 전 자신만의 방식으로 자녀를 키워온 한 국제구호개발 NGO 대표의 이야기가 인상적이었다.

"저는 아이가 중학교를 졸업할 때까지 매년 한 번씩 가난한 나라에 봉사여행을 다녀왔어요. 지금 우리나라에서는 아무리 어렵고 가난한 상황을 이해시키려고 해도, 밥을 굶고 살아야 하는 지구촌의 절대빈곤을 체험할 방법이 없어요. 빈곤국에 봉사여행을 다녀오고 나면 아이의 눈빛이 달라지고 행동도 바뀌어요. 꼭 한번 시도해보세요."

이런 이야기를 들을 때마다 귀를 쫑긋 세워가며 집중한다. 어차피 전업주부들과 똑같은 방식으로 아이를 키울 수 없는 상황이기에, 워킹맘만의 방식을 터득해나가야 하기 때문이다. 신문사를 그만두고 1인 기업을 차린 선배와 얼마 전 만났는데, 육아 경험담을 서로 얘기하다 막 웃어버린 일이 있었다.

"초등학교 3학년인 우리 아들이 얼마 전 바둑대회에서 대상을 받았어. 내가 일하는 시간이 들쭉날쭉이다 보니까 애를 맡아줄 곳이 마땅치 않아 바둑학원에 보냈거든. 거긴 밥도 챙겨주고, 3~4시간 동안 있어도 애가 심심해하지 않아서 좋아. 벌써 몇 년째 바둑학원에서 뒹굴다 보니까 이렇게 대상도 받게 됐다. 하하하!"

나도 맞장구를 쳤다.

"선배, 우리 둘째 딸은 유치원 끝나면 태권도학원 원장님이 데리고 가서 거기서 뒹굴어요. 오후 5시와 6시 30분 두 타임을 하면서 제가 퇴근할 때까지 기다리는데, 태권도 신동이 됐어요. 일곱 살인데 줄넘기를 쉬지도 않고 50개 넘게 해요. 하하하!"

사실 웃긴 상황은 아니었다. 어떤 엄마가 아이를 제대로 돌보고 싶지 않겠으며, 학원에서 뒹굴고 있을 아이를 떠올리며 그 상황을 즐길 수 있겠는가. 하지만 그냥 웃었다. 엄마 손길이 부족함에도 불구하고 아이들이 건강하게 자라주고 있음에 감사하고, 건강함을 넘어 특별한 재능까지 갖게 된 것에 감사하면서.

요즘 워킹맘은 '배려 대상'과 다를 바 없다고 한다. 직업이 2개인 워킹맘과 직업이 1개뿐인 전업주부는 애초부터 경쟁상대가 안 된다.

"워킹맘으로 바쁘게 살다 뒤늦게 일을 그만두고 깜짝 놀란 게 뭔지 아니? 여유 있게 사는 전업주부들이 너무 많은 거야. 아이를 학교에 보내놓고, 쇼핑도 하고 운동도 하면서 인생을 즐기더라. 그동안 일만 하고 살아온 내 인생이 얼마나 억울하던지……."

퇴직한 워킹맘 선배가 한 말이다. 경쟁력이 약한 팀이 취할 수 있는 방법은 한 가지다. 뭉치는 것뿐이다. 워킹맘 선후배 네트워크를 내 것인 양 활용하고, 열심히 뭉치는 수밖에 없다.

워킹맘 선배들의 도움을 많이 받았기에, 나 또한 후배들이 고민을 하고 있으면 적극적으로 조언해준다. 초등학교 1학년생 아이를 둔 워킹맘 후배에게는 "휴직을 할 수 있으면 휴직하고, 그게 안 되면 한 학기 정도는 일찍 퇴근해 준비물이나 숙제를 돕고 학교에 잘 적응하는지 지켜봐야 한다"고 충고하고, 왕따 혹은 학교 부적응으로 고민하는 후배에게는 "다그치지는 않되, 학습 수준이 뒤처지지 않도록 세심히 돌봐야 한다"고 말한다. 능력 있고 재능 있는 후배 워킹맘들이 아이들 문제로 자신이 이루고픈 뜻을 꺾지 않았으면 하는 마음이 들어서다.

"이제 좀 편하시죠? 언제쯤 이 고민이 끝날까요?"

언젠가 선배 워킹맘에게 이렇게 물어본 적이 있다.

"고민? 안 끝나. 아이를 키운다는 것은 사막을 건너는 것과 같아. 끝없이 펼쳐진 사막 말이야. 지금은 아이가 초등학교만 들어가면 고

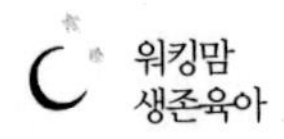

민이 해결될 것 같지? 초등학교 땐 초등학교의 고민이, 사춘기 땐 그 때의 고민이 생겨. 고등학교 땐 대입이, 대학 땐 취업이, 취업 이후엔 결혼 고민이 줄줄이 기다리고 있어. 그러니까 지금이 가장 좋을 때라고 생각하고 즐겨!"

지금을 즐기는 게 워킹맘의 육아 고민을 해결하는 정답이란다.

문화인을 꿈꾸는 문맹인

'궁상맞다', 이 단어는 늘 아줌마와 동의어로 쓰인다. 한번은 동네 아줌마들끼리 수다를 떨다, 한 엄마의 이야기에 모두 격하게 공감했던 적이 있다.

"통돌이 세탁기 쓴 지가 10년도 넘었어. 새로 하나 사느라고 밤새도록 인터넷을 뒤졌어. 몇 만원 싼 제품을 찾느라 눈 빠지게 인터넷 검색하다 보니 어느새 새벽이 됐어. 근데 가만히 생각하니 정말 화가 나는 거야. 통돌이 세탁기는 1년 내내 우리 가족들 빨래를 해주는 것이고, 비싸봤자 25만~30만 원이잖아. 5만 원 아끼려고 내가 이 새벽에 잠도 안자고 왜 이 짓을 하고 있지, 싶은 거야. 그냥 아들놈 영어학원 한 달 안 보내면 되는 돈인데……. 아들놈은 이런 거 알고 학원 다니나 몰라. 정말 화가 났다니까."

누가 궁상떨라고 가르쳐준 것도 아닌데, 아줌마가 되어보니 절로 이렇게 된다. 남편과 아이들을 먼저 위하다 보니, 자신의 몫은 늘 뒷전이다. 특히 워킹맘은 일, 아이, 남편, 자기 자신 등 챙겨야 할 게 네 가지나 되다 보니 자신에 대한 투자는 우선순위에서 맨 꼴찌다.

가끔 컴퓨터로 일기를 쓰는데, 지난해 말 써놓은 일기를 읽다 이 대목을 발견했다.

"오늘 정말 너무나 간절히 원했던 접이식 블루투스 자판을 샀다. 5만 1,000원이나 하는 고가의 제품이다. 키보드를 사려고 한 건 꽤 오래 전부터였지만, 막상 실행에 옮기지 못했다. 생활비가 생기면 아이들 옷이나 학용품, 남편 와이셔츠, 집안에 꼭 필요한 물건 등을 사게 될 뿐 오롯이 나 자신만을 위한 투자를 해본 적이 너무 오래 됐다."

움직일 때 늘 노트북 가방과 일반 핸드백 2개를 들고 다녔는데, 일반 핸드백에 책이나 자료라도 넣으면 양쪽 어깨가 무거워 내려앉는 것 같았다. 콩나물시루 같은 지하철과 마을버스에 몸을 싣고 서 있는 것도 괴로운데, 가방까지 무거우면 퇴근 후 저녁을 차리기도 전에 파김치가 됐다. 외부 미팅이나 취재할 일이 있을 때, 이 블루투스 키보드만 있으면 굳이 노트북이 없어도 스마트폰이나 태블릿PC에 바로 입력이 가능하니까 내게는 매우 유용한 기기였다. 하지만 매번 '눈팅'만 하고 미루다, 결국 무릎이 욱신욱신 아파오자 정신이 번쩍 들어 이 기기를 샀다.

'늙어서 꼭 필요한 것 세 가지가 연골, 할 일, 친구'라는 신문의 기획기사를 보고서였다. 그 기사에는 연골이 멀쩡한 할머니와 연골이 망가진 할머니의 노년 모습을 자세히 그리고 있었는데, '이러다 늙어서 연골 망가지면 내 노년도 끝이구나' 싶어서 '구매하기' 단추를 눌렀다.

이런 궁상 시리즈는 물건에 그치지 않는다. 똑같이 직장생활을 시작했지만 석사 학위를 받은 남편과 달리 내 가방끈은 아직도 학사 학위다. 누가 그랬다. "이 나이에 아직도 학사학위를 갖고 있는 건 '고졸' 학력이나 마찬가지"라고. 외국어, 독서, 운동 등 시간을 투자해야 하는 모든 자기계발 항목에서 워킹맘은 절대적으로 불리하다. 부족한 잠을 보충해야 할 판에, 자기계발을 하나 시도하려면 또 잠을 줄여야 하기 때문이다. 그게 아니라면 자기계발을 위해 돌보미 아줌마로부터 협조를 받아야 하는데, 매일 헬스클럽을 다니려고 2시간만 추가해도 시간당 1만 원 꼴로 치면 매달 40만 원의 돈이 든다. 아무리 투자라지만, 배보다 배꼽이 큰 투자를 할 수는 없지 않은가.

지난해 초 남편이 "운동을 좀 해야겠다"며 근처 헬스클럽에 등록하는 걸 보고, "이 참에 나도 건강도 챙기고 군살도 빼야겠다"며 같이 등록했다. 다음날 회사에 가서 팀원들에게 감격에 겨운 멘트를 날렸다.

"아~ 정말. 이게 얼마만의 헬스클럽 등록인지 모르겠어. 아이 출산하고 나서니까 무려 6년 만인 것 같아. 처녀, 총각들은 이 심정 모를 거야. 두고 봐! 나도 다이어트 성공하고 '몸짱' 으로 거듭날 거야."

퇴근 후 여유롭게 헬스클럽에 가는 남편과 달리, 나는 퇴근 후 헬스클럽은 꿈도 못 꿨다. 저녁식사 준비, 설거지, 숙제 봐주기, 아이 목욕 후 머리 말려주기, 잠들 때까지 아이 옆에 누워 있기 등으로 빡빡한 일정 때문이다. 저녁에는 도저히 시간을 낼 수 없자 나는 새벽 6시에 헬스클럽으로 향했다. 1시간 뛰고 나서 서둘러 집에 와서, 아침 7시부터 식사 준비를 해야 7시 30분쯤 큰딸이 아침밥을 먹을 수 있었다. 원래 새벽형 인간인지라 일찍 일어나는 건 문제 없었다.

하지만 '출산 후 첫 헬스클럽 도전기' 는 실패로 돌아갔다. 헬스클럽에 다닌 지 이틀째 되는 날, 아침 7시쯤 집 현관에 들어서자마자 작은딸이 "엄마~ 엄마~" 하면서 달려와서 눈물 바람을 했다. 아이들은 잠결에도 엄마가 옆에 있는지 없는지 귀신같이 안다. 늘 옆에서 자던 엄마가 없어지면 이를 확인하기 위해 비상레이더가 발동하는데, 이날 불행히도 일찍 깬 둘째 딸은 집을 다 뒤져도 엄마가 없다는 걸 알아차리고선 문 앞에서 내가 오기만을 기다린 것이었다. 이럴 땐 아빠도 아무 소용없다. "헬스클럽에서 운동하고 왔다"고 설명을 해줘도 한번 엄마가 없어진 걸 알아차린 둘째 딸은 "이제 가지 말라"며 한껏 예민해져서 있었다.

'아! 아이가 여섯 살이 되었는데도 아직 자유를 찾기엔 이르단 말인가.'

한탄했다. 물론 매정하게 뿌리치고 헬스클럽에 갈 수도 있었지만, 그러고 싶지 않았다. 때를 기다리기로 했다.

절대적인 시간 부족에 시달리는 워킹맘들은 영화 한 편 보기도 힘들다. 주말을 보내고 난 후 월요일 점심식사나 식후 티타임 때 팀원들이 얘기하는 걸 듣고 있자면, 먼 나라 이야기 같다. 요즘 유행하는 영화를 리뷰하거나, 오디션 프로그램에서 인기가 많은 가수에 대한 갑론을박이 오가는데, 혼자 멍하니 듣고만 있다. 아이를 재워야 하기 때문에 TV 드라마도 볼 수 없어, 〈별에서 온 그대〉나 〈미생〉과 같은 국민 프로그램 아니면 이 또한 대화에 낄 수 없다. 그저 눈만 껌뻑껌뻑거린다.

아이가 둘 있는 워킹맘이 남편과 함께 영화를 볼 수 있으려면, 과연 몇 년을 기다려야 할까. 연년생 자녀를 출산한 경우가 아니라면 아마 10년쯤 걸릴 것이다. 2004년 첫째를 낳은 이후 나 또한 남편과 함께 영화를 본 기억이 없다. 주중에는 일하느라 바쁘고, 주말에는 아이를 보러 가느라 바빴다. 결혼한 지 무려 10년 만인 지난해, 007 작전에 가까운 노력 끝에 영화 〈변호인〉을 함께 볼 수 있었다. 같은 시각, 아이들은 같은 영화관에서 〈겨울왕국〉을 봤다. 이 작전을 위해 목동 근처 영화관을 인터넷으로 다 뒤졌으나, 같은 시간대에 시작하는 곳이 없었다. 하는 수 없이 상암동 멀티플렉스 극장까지 가서, 3관에서 10분 일찍 〈겨울왕국〉이 시작하는 걸 지켜보고 난 후 헐레벌떡 7관으로 달려가 〈변호인〉을 봤다.

"얘들아, 너희들 영화가 먼저 끝나니까 다른 데 가지 말고, 사람들 나오는 곳에서 기다려야 해. 이거 엄마 휴대폰이니까 갖고 있다가 무슨 일 있으면 아빠 휴대폰으로 전화하고. 알겠지?"

열한 살이 된 큰딸에게 신신당부를 하고 돌아섰다. 혹부리 영감이 혹을 뗀 것마냥 콧노래가 나왔다. '이제 나도 보고 싶은 영화 한 편 볼 수 있는 여유가 생기는 걸까.' 이런 복잡 미묘한 감격의 순간을 어찌 처녀, 총각, 독신, 아저씨들에게 설명할 수 있을 것인가. 책으로 알 수 있는 것도 있지만, 경험하지 않으면 절대 모르는 것도 있다. 이런 찰나의 순간이 바로 그것이다.

겪어보지 않은 사람들은 '자신을 위해 영화 한 편 볼 수도 있지, 왜 그렇게 바보처럼 사느냐'고 워킹맘들을 이해 못 할 수도 있다. 하지만 워킹맘의 기본 정서는 '미안함'이다. 안 그래도 회사 다니느라 아이와 함께 있어줄 시간이 부족한데, 내 문화생활을 위해 아이를 또 혼자 두는 것을 용납하지 못하는 게 한국식 엄마 문화다. 남편이나 시부모, 돌보미 아줌마 등이 대신해준다고 해결되지 않는다. 설사 영화를 볼 수는 있더라도, 보는 내내 마음이 편하지 않다. 사정이 이러니 〈겨울왕국〉을 스무 번 넘게 봐서 노래가사도 외울 정도이지만 요즘 유행하는 영화는 뭔지 모르는 문맹인이 되는 것이다.

자기계발을 하지 못하고, 문화생활도 즐기지 못하는 현실의 책임은 워킹맘에게 있는 게 아니다. 워킹맘임에도 불구하고, 양육에 대한 책임을 전업주부 못지않게 지고 있는 한국식 문화에 있다. 아이에 대한 주 양육자가 여럿이고 그 책임을 조금씩 나눠 갖는다면, 한 달에 한 번쯤 '엄마의 화려한 외출'이 불가능할 리는 없다.

10년 만의 첫 영화 이후 우리 부부는 〈인터스텔라Interstellar〉(2014)로 재도전에 성공했다. 이번에는 영화관 근처에 놀이시설이 있는 곳을 택했다. 제법 커서인지 엄마와 떨어지는 것에 별 두려움이 없어진 둘째딸은 재미난 놀이시설에 푹 빠져 엄마를 찾지 않았다. 물론 〈인터스텔라〉가 2시간을 훌쩍 넘어서자, 딸은 놀이시설 선생님을 통해 전화를 걸어와 "엄마 언제 와요?" 하고 10분 단위로 재촉하긴 했다. 아직 문맹인의 터널을 완전히 벗어나진 못했지만, 기다리면 언젠가는 기나긴 터널을 빠져나올 수 있을 것이다. 그때가 되면 자축하고 싶다. "브라보, 워킹맘!"이라고.

그래도 지금이 행복하다

자신이 출연한 CF광고 모델료로 받은 1억 원을 기부해, 2007년부터 월드비전 세계시민학교의 문을 연 한비야 씨를 인터뷰한 적이 있다. 3박 4일간 진행되는 세계시민학교에서 야영장 캠프에 도착한 청소년들은 차량에서 내리는 순서대로 세계 각 나라의 국적을 부여받는다고 한다. 국적이라는 게 자의로 선택할 수 없음을 알려주기 위해서다.

"프랑스나 일본 등 부자 나라의 아이들은 밥과 반찬, 물, 담요 등을 풍성하게 받고, 수단 등 가난한 나라 아이들은 내내 열악한 조건에서 지내요. 불공평하게 나뉜 자원을 어떤 태도로 어떻게 나눠주고 받아서 쓸지 아이들 스스로 배우고 깨닫게 하기 위해서죠."

큰딸이 초등학교 2학년 때 학교 독서명예교사를 신청, 1시간 동안 수업을 한 적이 있다. 필리핀, 라오스, 몽골, 케냐, 인도 등 직접 취재를 가서 만난 지구촌의 가난한 아이들 이야기를 들려주었다. 아프리카 이야기를 하면 "불쌍해서 도와야 한다"고 동정심을 보이면서도, 내 옆자리에 앉은 '찌질이 친구'는 차별하고 왕따 시키는 아이들이 많다고 한다. 피부색이나 종교가 다르고, 삶의 방식이나 조건도 다른 사람들이 얼마나 많은지 알려주고 싶었다. '나와 다르다'는 이유로 상대를 '차별'하는 건 나쁜 일임을 알려주려 했다.

수업 도중에 아이들에게 "꿈이 무엇인지" 물었다. 첫 번째 남자아이가 '야구선수'라고 답하자, 그 옆의 아이도 '야구선수', 그 옆의 아이도 '야구선수'라고 말했다. 오직 한 명만이 '축구선수'라고 했다. 여자아이 한 명이 '디자이너'라고 말하자, '간호사'라고 답한 아이 한 명을 제외한 모두가 '디자이너'를 말했다. 30년 전 내 초등학교 시절을 떠올리자, 이런 현상이 놀랍고 충격적이었다. 친구들이 "우와" 하고 웃거나 놀리든 말든 '대통령' 혹은 '미스코리아'와 같은 다소 황당하고 거창(?)한 답변을 하는 친구 몇 명은 꼭 있었는데……. 하지만 딸아이의 교실에서 남과 다른 의견을 용기 있게 말하는 걸 두려워하는 아이들의 모습을 발견했다. 카카오톡으로 몇몇

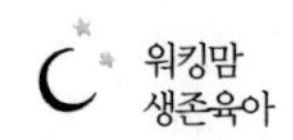

엄마들과 얘기를 나눴는데 "남과 다른 걸 '틀리다' 고 생각하고 두려워하는 게 문제"라며 "공부만 하느라 아이들 상상력이 다 고갈됐다"고 걱정했다.

주변을 돌아보면 아이들만 그런 게 아니다. 어른도 비슷하다. 나와 다르다는 걸 인정해주는 문화도 부족하고, 남과 다르게 사는 걸 당당하게 여기는 분위기도 약하다. '엄마=아이를 위해 무조건 희생하는 전업주부' 공식만 정답으로 간주한 채, 그렇지 않은 모습은 모두 뭔가 부족한 답으로 여기다 보니 여러 부작용이 생기는 것이다.

워킹맘도 엄연히 엄마의 한 유형이다. 사실 우리는 '엄마'라는 역할모델을 제대로 경험해보지도, 배워보지도 못했다. 기껏해야 내가 경험해본 엄마는 우리 친정엄마 한 명뿐이다. 학교에서도 영어, 수학만 배웠을 뿐 어떻게 하면 좋은 엄마가 되는지 가르쳐주지 않았다. 단행본을 사서 읽어봐도, 자녀를 훌륭하게 키운 저자의 성공사례 한 가지뿐이었다. 아니면 의사나 상담선생님, 부모교육 전문가들이 엄마의 실패 사례를 상담한 후 이를 바탕으로 조언하는 내용이 담긴 책들이었다.

세상에는 무수히 많은 엄마 유형이 존재한다. 일하는 워킹맘도 있고, 아이를 혼자 키우는 한부모도 있고, 장애 아이를 키우는 엄마도 있다. 100명의 엄마에겐 100가지 다른 유형의 육아방법이 존재한다. 아마 전 세계 전문서적을 다 뒤진다고 해도, 내 사례에 딱 맞게 적용 가능한 모델을 찾기란 애초부터 불가능할지 모른다. 그러니 전업주부 한 사례를 정상적인 엄마 모델로 은근히 강요하는 우리 사회가 얼마나 폭력적인가.

한 워킹맘은 "학원과 사교육시장 정보가 점점 중요해지는 시대가 되면서, 전업주부에 비해 정보와 시간이 절대적으로 부족한 워킹맘은 갈수록 경쟁력이 약해진다"고 한탄하면서, "맞벌이 부부가 늘면서 워킹맘도 함께 증가하는데, 왜 엄마 역할은 예전보다 훨씬 더 많아지는지 모르겠다"고 했다.

그렇다고 함부로 워킹맘 타이틀을 집어던지고 전업주부만 되면 모든 문제가 일시에 해결될 것이라고 착각하면 안 된다. 워킹맘이 전업주부가 된다는 건 회사를 이직하는 것과 비슷하다. 지금 다니는 회사 CEO가 마음에 안 들어서, 연봉이 적어서, 업무량이 과다해서 등등 현재의 조건이 싫어 그 대안으로 이직을 선택할 경우 실패할 확률이 높다. 이전 회사에서 불편했던 근무조건을 만족했을지는 몰라도, 새로운 회사는 분명 또 다른 나쁜 조건이 숨어 있기 때문이다. 이직할 때 자신의 성장을 위한 발판이 될 것인지, 최선의 선택인지 진지한 고민을 하고 결정해야 하듯이, 워킹맘이 전업주부의 길을 선택할 때도 반드시 확실한 이유가 있어야 한다.

"일과 아이 둘 다 제대로 못 챙기는 것 같아 '하나라도 잘하자' 싶어서 그만두려고 하면, 주변의 전업주부 엄마들이 모두 말려요. 한

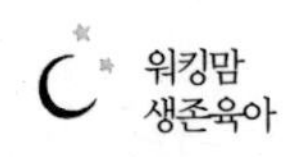

과목당 50만 원이 넘는 아이들 학원비를 마련하려고 할인마트 계산원이라도 해야 할 판에, 그 좋은 직장을 왜 그만두려 하느냐고요. 전업주부 엄마들이 워킹맘을 얼마나 부러워하는데요."

한 워킹맘의 이야기다. 양쪽을 다 경험해보니, 할 수만 있으면 워킹맘으로 사는 게 훨씬 좋다. 내 인생이 거의 사라진 채 전업주부로 오래 살다 보면, 나중에는 좁은 세상에서 생각하고 행동하던 패턴이 습관화되기 때문에 새로운 걸 도전하기 힘들다. 아이를 키우고 나서 7년 만에 다시 워킹맘이 된 큰딸 친구 엄마를 출근길에 만났는데, "피곤해서 눈 밑에 다크 서클이 늘었다"면서 재미있는 이야기를 했다.

"야~ 정말, 남편에 대한 바가지가 완전히 사라져버렸어. 회사에 나와 월급 받는 게 얼마나 피곤하고 힘든지 주부로 살 때는 까맣게 몰랐는데, 지금 경험해보니 세상의 모든 남편들이 다 대단해 보여. 요즘은 '아이고 우리 남편, 우리 남편' 한다니까."

전업주부 아내가 있는 남편 대부분은 집안일과 육아를 아예 '딴 나라 이야기'로 취급한다. '그건 집사람인 아내가 당연히 책임지고 맡아야 할 일'이라는 태도다. 아내가 늘 집에 있으니, 퇴근도 맘 놓고 늦게 하고 술자리도 맘 놓고 가진다. 워킹맘의 남편과 마음가짐이 다르다. 이 때문에 전업주부들은 아이가 어릴 때 남편의 도움을 전혀 받지 못한 채 집안일과 육아의 험난한 터널을 통과하고, 이 과정에서 남편과의 대화가 단절되고 신뢰도 잃는 경우가 많다. 대신 전업주부들은 동네의 또 다른 전업주부들로부터 위안을 얻고, 이 속에서 작은 사회를 형성한다. 아이가 중고등학생이 되면 전업주부들의 할 일은 대폭 줄어드는데, 이때 대역전 복수극이 시작된다.

"남편이 주말에 집에서 뒹구는 게 너무 보기 싫어. 남편이 일찍 들어오는 순간, 우리 집의 저녁 흐름이 깨져서 불편해. 야근이나 하고 오지, 왜 일찍 퇴근해서 TV 틀어놓고 애 공부를 방해하는지 모르겠어."

"3대가 죄를 지어 받는 벌이 뭔지 알아? 60대 이후 부부가 함께 사는 거래. 역시 남편은 돈만 벌어다주는 게 최고야. 주말부부로 사는 친구가 얼마나 부러운지 몰라."

전업주부들이 흔히 하는 남편 욕이다. 워킹맘은 좋든 싫든, 사회생활을 통해 '아저씨'를 접하게 돼 있다. 아무리 비굴하고 치사해도 회사 다녀야 하는 아저씨 심정을 이해하는 폭이 전업주부들보다 넓은 건 당연하다. 남편과 나누는 대화의 소재 또한 다양하다. 내가 전업주부로 있을 때 남편과 공유할 수 있는 대화는 오로지 아이들 이야기뿐이었다.

"오늘 애 학교에서 벼룩시장이 있었거든. 거기서 500원짜리, 1,000원짜리 좋은 물건 많이 건졌어. 우리 애는 자기 물건 파는 데 관심도 없고, 다른 애들 벼룩시장 돌아다니며 물건 사는 데만 정신이 쏠려 있었어."

"오늘 엄마들이랑 모임에서 들은 얘기인데, 얼마 전에 우리 아파트에서 자살 소동이 있었대. 외부에 사는 사람이 자기 차량을 갖고 와서 차 안에서 연탄불을 피워 자살하려다 견디지 못하고 튀어나오는 바람에, 옆 차량까지 3대가 불났대."

동네 주변에서 일어나는 이런 이야기를 실컷 털어놓으면, 남편의 반응은 "그래?"가 전부였다. 맥이 빠질 수밖에 없었고, 반응이 약하니까 피곤한 남편 붙잡고 소소한 동네 아줌마들 이야기를 하기가 점점 꺼려졌다. 하지만 회사를 다니다 보면, 여성의 눈이 아닌 남성의 눈으로 문제를 봐야 할 때가 생긴다. 부하직원이 회사를 그만두려고 할 때도 있고, 외부 거래처와의 관계에서 억울한 일을 당할 때도 있고, 윗사람과의 의견 차이로 스트레스를 받을 때도 있다. 그럴 때 남편한테 이야기를 털어놓으면, 반응은 좀 다르다. 아주 냉정하고 객관적으로 자기 생각을 이야기한다. 신혼 시절에는 "아, 그랬어?" 하면서 공감해주지 않은 채 자기 생각을 말하는 남편이 얄미웠는데, 아이 둘 딸린 40대가 되고 나니 오히려 남편의 이런 냉정한 반응이 도움될 때가 많다. 내가 갖지 못한 남성의 시각을 알 수 있기 때문이다.

이처럼 워킹맘으로 살면 자신도 모르게 남편과 이해관계가 일치하는 부분이 많아진다. 나이 들수록 부부 관계가 좋아질 확률도 높은 것이다. 부부 사이에 힘의 균형을 유지하는 것은 매우 중요하다. 전업주부가 되는 순간, 남편에게 경제적으로 종속된다. 두 아이를 성인으로 키워놓은 한 전업주부 엄마가 한 말이다.

"남편이 돈 번다고 얼마나 생색을 내는지 치사할 때가 많았어. 명예퇴직 한번 당하고 난 후 자신감을 잃었는지, 나한테 '이제 애도 다 키웠으니 네가 나가서 돈 좀 벌어와' 라고 하더라고. 정말 억울해. 남편은 지금까지 내가 애 키우고 살림한 건 취급도 안 하고, 자기만 돈 버느라 고생한 줄 알아."

남편이 무시하는 건, 전업주부인 아내가 자립하기 힘들다는 걸 알기 때문이다. 남편이 뭐라 하지 않더라도 전업주부가 되면 자기 스스로 소비를 억제하게 되어 있다. 빤히 보이는 남편 월급을 쪼개 생활하려면 돈을 아끼는 것만이 유일하게 돈을 모을 수 있는 길이기 때문이다.

전업주부로 살면서 늘 머리를 질끈 묶고 다녔던 나는 워킹맘이 된 후 미용실에서 퍼머도 하고 머리 손질도 한다. 피곤하고 힘들 때면 가끔 목욕탕에서 마사지를 받기도 한다. 지하철역에 있는 액세서리 가게에서 예쁜 귀걸이를 발견하면 기분 전환 삼아 하나 사기도 한다. 전업주부 때와 다른 건, 이런 소비를 할 때 마음의 부담이 훨씬 적다는 것이다. '나도 돈 버는데, 이 정도쯤은 투자할 수 있지' 하는 마음이 있기 때문이다. 그럴 때마다 돈을 번다는 게 얼마나 감사한

지 모른다.

어린 시절 시골에서 농사를 짓던 부모님은 항상 가난했다. 6남매를 모두 잘 키워낸 걸 가장 큰 보람으로 알고 사는 친정엄마는 딸 다섯 명에게 세뇌시키듯 말했다.

"너희 아버지랑 나는 딸내미들 교육 갖고 만날 싸웠다. 네 큰언니가 처음 도시에 있는 상업고등학교를 가겠다고 하자, '무슨 딸을 대도시까지 보내서 공부시키느냐'고 반대해서 밭에서 밭 매다 말고 1시간 동안 싸웠다. 여자들도 공부를 해야 하고, 자기 능력이 있어야 된다. 남편만 기대고 살면 절대 안 된다."

그래서인지 우리 다섯 자매 중 전업주부로 쭉 눌러앉은 딸은 아무도 없다.

이뿐 아니다. 딸 둘을 둔 나는 지금의 내 존재 자체만으로 우리 아이들에게 롤 모델이 될 수 있을 것으로 믿는다. 일하는 엄마를 지켜본 딸들은 커서도 워킹맘이 되는 것을 당연하게 생각할 것이다. 물론 힘든 과정임을 알기에, 나는 늙어서 인공위성처럼 딸 둘 곁에 붙어서 워킹맘 딸들을 도와줄 작정이다.

15년 가까이 기자생활을 하면서, 대통령, 국회의원, 기업 CEO, 교수, 연예인, NGO 직원, 큐레이터 등 수많은 직업을 지켜봤다. 특히 목욕탕 때밀이, 이혼전문 변호사, 성인전화방 상담원, 병원영안실 장례지도사(염습사) 등은 짧게는 3일, 길게는 일주일씩 직접 체험해본 후 르포 기사를 썼던 직업이다. 한국에는 1,206개의 직업이 있다고 하는데, 겉으로 봤을 땐 별 볼일 없지만 의외로 보람 있고 수입도 좋은 직업이 있었고, 화려한 겉모습과 달리 일 자체는 너무 지루하고 성취감이 없는 직업도 있었다.

3년 반 동안 자의 반, 타의 반 '탈脫 기자'로 살면서 처음에는 상실감을 느꼈고 그 다음에는 자기 위안을 했다가 다시 기자가 되고 싶다는 열망이 샘솟았다. 신문사로 돌아왔을 때 내가 가진 이 직업이 얼마나 귀하고 중한지 표현할 수 없을 만큼 기뻤다. 신문사 밖 세상을 구경하고 나니, 기자의 정체성도 더 분명해졌다. "기사 하나로 세상을 바꾸겠다"는 초년 기자 시절 욕심을 버리니, 기자의 좋은 점이 눈에 더 많이 보였다. 내가 하는 일을 통해 우리 사회를 더 나은 미래로 만드는 데 기여할 수 있다는 확신이 있기에, '워킹맘' 역할이 좀 힘들어도 견딜 만하다.

1937년부터 하버드대생 268명의 인생 전체를 추적 조사한 '그랜트연구' 결과를 보니, 비교적 평범하거나 외적인 성공에서 조금 뒤처지는 쪽이 나이가 들수록 행복한 삶을 살았다고 한다. 욕심을 덜어내니 그 자리에 조금씩 사랑과 행복이 쌓였다. "너는 누구냐"라고 묻는다면 자신 있게 말하고 싶다. "행복한 워킹맘입니다"라고.

EPILOGUE

아이가 자라면 엄마는 겸손해진다

조선일보 공익섹션 〈더나은미래〉 편집장이 된 첫 해에 나는 송곳처럼 뾰족하고 날카로웠다. 신문사에서 배운 대로 기자들을 혼냈다.

"기사를 이 정도밖에 못 쓰느냐" "도대체 이런 문장은 어디서 배운 거냐" "이런 것도 취재 아이템이라고 냈느냐" 등등 마음에 들지 않으면 가차 없이 쓴소리를 내뱉었다. 몇 년 동안 신문 만드는 현장을 떠나 있다가 다시 돌아왔기에 그만큼 열정도 많고 애정도 깊었다. 글쓰기 훈련이 덜 된 후배 기자들의 역량을 키워주고 싶은 마음이 컸다. 1년 300일 가량 매일 기사를 쓰다 보면, 어느덧 기사 쓰는 게 몸에 배게 된다. 자전거 타는 법을 배우고 나면, 몇 년 동안 쉬었다가 타더라도 금방 자전거를 탈 수 있는 것과 마찬가지다. 2주에 한 번씩 기사를 쓰는 〈더나은미래〉 후배 기자들에게 하루라도 빨리 노련한 글쓰기를 가르쳐야 한다는 조급함 때문에 더 몰아쳤던 것 같다. 입에 쓴 약이지만 몸에 달기 때문에 후배들 또한 이런 내 마음을 알아주리라 믿었다.

하지만 이 방식이 모두 옳지는 않음을 깨닫는 데 그리 오랜 시간이 걸리지 않았다. 지속적인 꾸짖음 때문에 스트레스를 받은 후배 기자 한 명은 회사를 그만두겠다고 했다. 술자리에서 "마감 때 편집장의 카톡을 받고 나면 막내기자 얼굴색이 흙빛으로 변한다" "마감 때 편집장이 자리에 앉아 있으면 신경 쓰여 글이 빨리 안 써진다"면서 농담으로 웃고 넘기는 말들도 가슴에 와서 콕콕 박혔다.

화도 나고 허탈했다. 자식들 먹여 살리느라 밤낮으로 고생하는 아버지가 자신을 원망하는 자식들을 보는 심정이랄까. 다행히 그만두겠다는 후배 기자는 3개월 휴직 후 복직해서 지금까지 잘 다니고 있지만, 그 사건은 나를 돌아보는 계기가 되었다.

편집장 역할과 엄마 역할은 묘하게 닮아 있었다. 마음만 앞선 채 주변을 돌아보지 못한 편집장 역할 만큼이나 엄마 역할에서도 서툴렀다. 정확한 판단과 결정을 하지 못하면, 내 아이를 어려움에 빠뜨릴 수 있다는 생각은 자연히 '불안'과 '초조'로 이어졌다. 겉으로는 "다 너를 위한 거야"라고 하면서, 엄마인 내가 아이보다 앞장서서 주

도적으로 나섰다. 하지만 느리다고 재촉할수록 아이는 더디 갔고, 급기야 학교 선생님으로부터 "아이가 또래에 비해 너무 느리다"는 지적을 받았다.

사실 두 가지 모두 문제의 근원은 같았다. '믿음'이 부족해서였다. 후배 기자들과 내 아이가 스스로 잘해내리라는 믿음, 그 믿음이 없었다. 말로는 "너만 믿는다"고 하면서도, 속으로는 불안해하는 그 마음을 후배도 알고, 아이도 안다.

엄마들끼리만 아는 농담이 있다.

"아이가 태어나면 천재가 되라고 아인슈타인 우유를 먹이다, 초등학생이 되면 서울대에 들어가라고 서울우유를 먹이고, 중학생이 되면 연세우유를 먹이고……."

아이가 자라면서 엄마도 점점 겸손해진다는 의미다. 후배 기자의 사표와 아이 학교 선생님의 지적을 받고 나니 밑바닥으로 꼬꾸라진 느낌이었다. '내가 얼마나 부족함이 많은 인간인지' 처절한 반성을 하고 나자, 새로운 관계가 싹텄다.

아이가 하고 싶은 말에 귀를 기울이고, 아이의 선택을 존중하며, 아이를 하나의 온전한 인격체로 바라봐주는 것. 육아의 기본 원칙이지만 살다 보면 이것만큼 실천하기 힘든 게 없다. 바쁘기 때문에 건성으로 대답하고, 경험이 더 많다는 이유로 내 선택이 옳다고 판단하며, 아직 어리니까 부족한 걸 채워줘야 한다고 생각한다.

아이를 믿고 존중하는 생활을 6개월만 해보면 알게 된다. 아이가 얼마나 많이 바뀌고, 자신감이 넘치는 '보석'으로 바뀌는지. 얼마 전 큰아이가 국어 단원평가 100점을 맞았다고 자랑을 했다. 수능 만점보다 더 격한 반응으로 칭찬을 했다. 아이는 우쭐해서 아빠한테까지 전화해서 "오늘 무슨 일이 있었는지 아세요? 제가 국어 단원평가 100점을 받았어요"라고 자랑을 했다. 남들은 다 받는 100점이라지만, 노력해서 얻은 100점이 얼마나 소중한지 알기에 아이의 성취를 소홀히 할 수가 없었다. 아이가 100점을 못 받아도 상관없다. 노력하고, 최선을 다하는 그 한 걸음, 한 걸음에 박수를 쳐주면 된다.

〈더나은미래〉 편집장을 하면서 사람들로부터 "얼굴이 편안해 보인다"는 말을 많이 듣는다. 학대받는 아동, 가출한 청소년, 차별받는 장애인, 다문화가정, 탈북자, 그리고 독거노인까지 복지시스템의 사각지대와 소외계층을 돕는 사람들의 이야기를 지면에 담다 보니, 기사를 고치다가 내가 먼저 울어버리는 경우도 많다. 분명 우리 사회

에 존재하지만, 애써 찾지 않으면 잘 보이지 않는 이들이다. 낮은 곳을 바라보면서 삶도 바뀌어갔다. 높은 자리를 부러워하던 지난날의 욕심이 옅어진 대신, '다 함께 행복한 공동체를 만들기 위해 할 일은 없을까' 하는 소명의식이 더 강해졌다.

아이를 대하는 마음도 마찬가지다. '내 자식이니까 이 정도는 했으면 좋겠다' 는 욕심을 버리면 된다. 쉽지는 않지만, 어렵지도 않다. 부모로 성장한다는 건 결국 나 자신의 강점과 약점을 알아가는 과정이기도 하다. 죽을 때까지 계속되는 이 기나긴 여정을 기쁜 마음으로 받아들이다 보면, 어느새 '존경받는 부모'가 되어 있을지도 모르겠다.

스스로 하는 아이로 키우는

워킹맘 생존육아

제1판 1쇄 인쇄 | 2015년 8월 19일
제1판 1쇄 발행 | 2015년 8월 26일

지은이 | 박란희
펴낸이 | 고광철
펴낸곳 | 한국경제신문 한경BP
편집주간 | 전준석
편집 | 마현숙 · 추경아
기획 | 이지혜 · 백상아
홍보 | 정명찬 · 이진화
마케팅 | 배한일 · 김규형
디자인 | 김홍신

주소 | 서울특별시 중구 청파로 463
기획출판팀 | 02-3604-553~6
영업마케팅팀 | 02-3604-595, 583 FAX | 02-3604-599
H | http://bp.hankyung.com E | bp@hankyung.com
T | @hankbp F | www.facebook.com/hankyungbp
등록 | 제 2-315(1967. 5. 15)

ISBN 978-89-475-4034-6 03590

책값은 뒤표지에 있습니다.
잘못 만들어진 책은 구입처에서 바꿔드립니다.